Immaginando Prometeo
Imagining Prometheus

Coordinamento grafico /
Design Coordination
Gabriele Nason

Coordinamento redazionale /
Editorial Coordination
Emanuela Belloni

Redazione / Editing
Alessandro Prandoni
Charles Gute

Copy e ufficio stampa /
Copywriter and Press Office
Silvia Palombi Arte&Mostre,
Milano

Grafica web e promozione
on-line / Web Design and
Online Promotion
Barbara Bonacina

ISBN 88-8158-439-5

Edizioni Charta
Via della Moscova, 27
20121 Milano
Tel. +39-026598098/026598200
Fax +39-026598577
e-mail: edcharta@tin.it
www.chartaartbooks.it

Printed in Italy

Immaginando Prometeo
Prometeo
Imagining Prometheus

David Abir
Robyn Backen
Peter Bottazzi
Gianni Carluccio
Heri Dono
e123 design
Vadim Fishkin
Philip Glass
Ritsue Mishima
Shirin Neshat
Moni Ovadia
Lygia Pape
Fabrizio Plessi
Giovanni Sollima
Wole Soyinka
Sukasman

Robert Wilson

CHARTA

Milano
Comune
di Milano

Cultura e Musei
Settore
Musei e Mostre

COSMIT

Immaginando Prometeo
Imagining Prometheus

Milano, Palazzo della Ragione
9 aprile - 11 maggio 2003
9 April - 11 May 2003

Un'iniziativa del Comune di Milano,
Cultura e Musei e del Cosmit spa
realizzata da Fondazione Cosmit Eventi
in occasione del Salone Internazionale
del Mobile e di Euroluce 2003
sotto l'egida di Federlegno-Arredo

An initiative of the Comune di Milano,
Culture and Museums, and Cosmit spa,
realized by Fondazione Cosmit Eventi
on the occasion of the Salone Internazionale
del Mobile and Euroluce 2003 under the
patronage of Federlegno-Arredo

FEDERLEGNO-ARREDO

Sindaco
Mayor
Gabriele Albertini

Cultura e Musei
Assessore
Culture and Museums
Councillor
Salvatore Carrubba

Responsabile scientifico
per le attività espositive
a Palazzo Reale
Curator of Exhibitions
and Activities
at the Palazzo Reale
Flavio Caroli

Direttore centrale
Cultura e Musei,
Sport e Tempo Libero
General Director of Culture
and Museums, Sport
and Leisure
Alessandra Mottola Molfino

Direttore Settore
Musei e Mostre
Director of the Department
of Museums and Exhibitions
Rossana Ferro

Ufficio Stampa
Press Office
Maria Grazia Vernuccio

PALAZZOREALE

Dirigente
General Manager
Sandrino Schiffini

Responsabile Mostre
Director of Exhibitions
Domenico Piraina

Segreteria organizzativa
Secretary's Office
Giuliana Allievi
Cristina Andena
Antonella Cantatore
Laura De Luca
Mariella Gemelli
Giulia Sonnante

Assistenza tecnica
Technical Assistance
Andrea La Boccetta
Luciano Madeo
Angelo Goitom
Tina Trallo

Presidente
President
Rosario Messina

Vice Presidenti
Vice-presidents
Enrico Pirovano
Rodrigo Rodriquez

Amministratore delegato
Managing Director
Manlio Armellini

Consiglio d'amministrazione
Board of Directors
Paolo Boffi
Luciano Caspani
Giulio Castelli
Giampaolo Ferretti
Francesco Forcelli
Vittorio Livi
Paolo Lombardi
Roberto Moroso
Giuseppe Origlia
Riccardo Sarfatti
Roberto Snaidero

Direttore artistico
Artistic Director
Franco Laera

Co-direttore artistico
Co-artistic Director
Elisabetta di Mambro

Sviluppo progettuale
Project development
Elisabetta di Mambro
Franco Gabualdi
Franco Laera
Laura Lazzaroni
Valentina Tescari
A.J. Weissbard

Immagine coordinata
Corporate Identity
Studio Cerri & Associati

Coordinamento generale
General coordination
Petra Lossner

Gli artisti e i progetti
Artists and projects

Robert Wilson
Architettura
dell'installazione
*Installation Concept
and Design*

Musica
Music
Giovanni Sollima

**Moni Ovadia
Gianni Carluccio**
Il Nome disse Luce
The Name Said Light

Progetto sonoro
Sound design
Stefano Scarani

Vadim Fishkin
Uskorenie Vremeni
A Speedy Day
Un giorno veloce

Progetto luci
Lighting design
A.J. Weissbard

Robyn Backen
Eternal Silence
Eterno silenzio

Curatore
Curator
Willie Valentine

**Peter Bottazzi
Ritsue Mishima**
Luna di Saturno
Moon of Saturn

Maestro vetraio
Glass master
Andrea Zilio

Levigatore
Master polisher
Giacomo Barbini

Composizioni musicali
Original music
Alberto Morelli
Stefano Scarani

Coordinamento
Coordination
Jean Blanchaert

Heri Dono
Batara Surya Amok
The Gods Are Still Angry
Gli dei sono ancora
in collera

Creatore delle ombre
Shadow puppet master
Sukasman

Manipolatore delle ombre
Dalang/Puppeteer
Mardoko Sawo Hadi Sana

Assistente
Assistant
Udreka Tokarso

Curatore
Curator
Willie Valentine

Lygia Pape
Ttéia

Costruzione
Construction
Ricardo Fortes

Coordinamento
Coordination
Mariana Lanari
Paula Pape

Curatore
Curator
Marcello Dantas

Wole Soyinka
Cross-Currents
Correnti incrociate

Assistente
all'allestimento
Design assistant
Pilar Wylie

Progetto luci
Lighting design
A.J. Weissbard

Sculture da
Sculptures from
The National Museum,
Lagos

Shirin Neshat
*Symphony of
Sorrowful Songs*
Sinfonia del
canto dolente

Musica
Music
David Abir

Musica originale
Original music
Henryk Mikolaj Gorecki
(*Symphony No. 3*)

Cantante e interprete
Vocals/performer
Rebecca Comerford

Coordinatore di
produzione
Line producer
Sol Tryon

Assistente di produzione
Line producer assistant
Theo Sena

Direttore della fotografia
Director of photography
Ben Wolf

Montatore
Editor
Sam Neive

Effetti digitali
Digital effects
David McManus

Fotografia di scena
Still photography
Larry Barns

Fabrizio Plessi
Prometeo

Musica
Music
Philip Glass
(*The Light*)

Coordinamento tecnico
Technical coordination
Carlo Ansaloni

Progetto luci
Lighting design
A.J. Weissbard

Ingegnerizzazione
elettrotecnica
Electronics
Giovanni Grandi

Ingegnerizzazione meccanica
Mechanical design
Alberto Rizzioli

Costruzione delle
imbarcazioni
Boats built by
Cantiere Nautico Crea,
Venezia

Costruzioni meccaniche
Mechanical construction
CMI Costruzioni e Montaggi
Industriali, Corbetta (Mi)

Movimenti meccanici
Mechanical movement
Oberti, Cassena (Fe)

Tele metalliche
Iron mesh
Fratelli Mariani, Bresso (Mi)

e123 design
Bracieri
Hearths

Ideazione
Concept
Anna Barbara
Sara Manazza
Savina Nicolini
Carolina Rapetti

Progetto interattivo
in collaborazione con
*Interactive design
in collaboration with*
Massimo Banzi
Edoardo Brambilla
Sergio Paolantonio

Progetto sonoro
Sound design
Raphael Monzin

Realizzazione
Realization
CFF Filiberti design Stone

Produzione
Production
Change
Performing Arts:

Izumi Arakawa
Laura Artoni
Elisabetta di Mambro
Franco Gabualdi
Maria Gabualdi
Yasunori Gunji
Franco Laera
Patrizia Mangone
Andrea Petrus
Nicola von
Stillfried-Rattonitz
Sue Jane Stoker

**Direttore
di produzione**
Production Director
Franco Gabualdi

**Coordinamento
e supervisione
dell'allestimento**
*Exhibition
coordination
and supervision*
Valentina Tescari

**Disegno
e coordinamento
per le luci**
*Exhibition lighting
design and coordination*
A.J. Weissbard

**Coordinamento
logistico**
Logistics coordination
Andrea Petrus

**Consulente
per il suono**
*Sound design
consultant*
Stefano Scarani

Direzione tecnica
Technical director
Amerigo Varesi

Capo elettricista
Master electrician
Marcello Lumaca

**Direzione
scenotecnica**
*Construction
managers*
Gianluca Canzoniero
Marco Zecchini

**Coordinamento
organizzativo**
General coordination
Laura Scarani

**Assistenti
di produzione**
Production assistants
Mari Carmen Artero
Eleonora Fassina

Ingegneria generale
General engineering
Studio Architettura
Florulli
Monica Chiericati

**Allestimento
luci e suono**
*Lighting and sound
equipment*
Volume

**Allestimenti
scenografici**
Scene shops
Agorà
Way

Pavimento in gomma
Rubber floor
PlaySport srl, Arese (Mi)

**Coordinamento
Trasporti**
Freight agent
Smontini Trasporti

Assicurazioni
Insurance
CEBI

Catalogo a cura di
Catalogue edited by
Franco Laera
Laura Lazzaroni

Progetto grafico
Graphic design
Studio Cerri & Associati

**Relazioni esterne
e ufficio stampa**
*Public Relations
and Press Office*
Nella Favalli
Raffaella Pollini

**Redazione
e traduzioni**
*Editing
and translations*
Laura Artoni
(coordinamento/
coordination)
Izumi Arakawa
Anna Lupetti
Patrizia Malfatti
Sue Jane Stoker
Andrea Buzzi
(*Cross-Currents*)

Ricerca iconografica
Image research
Laura Artoni

**Documentazione
fotografica**
Photos by
Tilde De Tullio

Finito di stampare da
Lasergrafica Polver,
Milano per conto di
edizioni Charta
in aprile 2003
*Printed by Lasergrafica
Polver, Milan, as for
edizioni Charta during
April 2003*

Referenze fotografiche
Photo Credits

Rita Antonioli: ritratto di / *portrait
of* Philip Glass
Francesco Barasciutti: 82, 83
Biblioteca Nazionale Centrale,
Roma: 24
Bildarchiv Preussischer
Kulturbesitz, Berlin / Erich Lessing:
57
Bridgeman Art Library, London: 27,
47, 50, 60
Maurizio Buscarino: ritratto di /
portrait of Moni Ovadia
Civico Archivio Fotografico,
Milano: 11
Photo SCALA, Firenze: 54
J.P. Harrington e/*and* K.J.
Borkowski (University of Maryland)
e/*and* NASA: 20
Mike Kobal: ritratto di / *portrait of*
Fabrizio Plessi
Andrea Martiradonna: ritratto di /
portrait of Ritsue Mishima, 83
Musée de Grenoble: 19
Seiichi Nakamura: ritratto di /
portrait of Ritsue Mishima

Foto di copertina e immagini del sole
Cover photo and images of the sun
Courtesy SOHO/EIT consortium
SOHO è un progetto di cooperazione
internazionale tra ESA e NASA
*SOHO is a project of international
cooperation between ESA and NASA*

Sommario / Contents

Dopo la felice collaborazione che ha dato vita nel 2000 all'originale mostra *Stanze e Segreti* alla Rotonda della Besana e nel 2001 alla scenografica celebrazione del *Made in Italy?* al Palazzo della Triennale, il Comune di Milano e il Salone del Mobile organizzano una nuova importante iniziativa al Palazzo della Ragione e alla Loggia dei Mercanti.

L'importanza della manifestazione di quest'anno è testimoniata da diversi elementi: in primo luogo dalla sua intrinseca impostazione artistica. Meritano però di essere sottolineati il sodalizio che si ripropone tra la Civica Amministrazione e il Cosmit – vero motore di un evento che va ben al di là dei suoi aspetti economico-industriali – e l'occasione offerta alla città di riaccendere la propria attenzione su uno dei suoi palazzi più significativi e su un angolo del nostro patrimonio architettonico che merita una maggiore valorizzazione.

Il Salone del Mobile pone ogni anno Milano al centro dell'attenzione dei media di tutto il mondo, al punto da trasformare per una settimana l'intera città in un unico palcoscenico. È perciò opportuno che si consolidi un'iniziativa fondata esclusivamente su motivazioni artistiche per ricordare come tanta parte del successo della produzione italiana derivi proprio dalle radici ben salde che essa mantiene nella storia artistica e culturale del Paese.

E proprio per questo motivo diviene significativa la collocazione della mostra *Immaginando Prometeo* in quel Palazzo della Ragione che per secoli ha rappresentato il centro della vita sociale, politica e culturale della nostra città.

Salvatore Carrubba
Assessore Cultura e Musei

After the fruitful collaboration that gave birth to the original exhibition Stanze e Segreti *(Rooms and Secrets) at the Rotonda della Besana, followed in 2001 by the scenographic celebration of* Made in Italy? *at the Palazzo della Triennale, the Comune of Milan and the Salone del Mobile undertake an important new initiative at the Palazzo della Ragione and in the Loggia dei Mercanti.*

The importance of this year's exhibition is highlighted for several reasons: first of all for its intrinsic artistic merits; but no less so in its reaffirming the importance of the association between the Civic Administration and Cosmit, the true motor of an event that goes well beyond its economic-industrial aspects; as well, it offers the opportunity to call the city's attention back to one of its most significant Palazzos and above all to a part of our architectural patrimony that deserves to be greatly appreciated.

Every year the Salone del Mobile places Milan at the center of worldwide media attention, in such a way as to transform the entire city into a unique stage for one week . It is therefore good that there be an initiative founded exclusively in artistic motives, to remind us that a large part of the success of Italian production derives precisely from the fact of its being well-rooted in the country's artistic and cultural history.

And the placement of the installation Imagining Prometheus *in the Palazzo della Ragione becomes significant exactly for this reason – it is placed in a building that for centuries represented the center of the social, political, and cultural life of our city.*

Salvatore Carrubba
Culture and Museums Councillor

Le mostre culturali che Cosmit organizza da anni a latere delle proprie manifestazioni fieristiche sono ormai riconosciute come eventi di grande importanza. Mi piace qui ricordare *Mobili Italiani 1961-1991* e *Made in Italy?*, realizzate in occasione rispettivamente della trentesima e della quarantesima edizione del Salone del Mobile alla Triennale di Milano; le monografie dedicate ai grandi designer, in particolare quella su Achille Castiglioni, il cui genio e la cui modestia hanno lasciato un segno indelebile in tutti noi; *Stanze e Segreti*, realizzata nel 2000 alla Rotonda della Besana, primo importante passo della collaborazione con il Comune di Milano, Cultura e Musei – Settore Musei e Mostre, e *Immaginando Prometeo* del 2003, al Palazzo della Ragione e Piazza dei Mercanti, in uno dei luoghi più belli e ricchi di storia di Milano, che rinnova e approfondisce tale collaborazione. Un evento che Cosmit ha voluto dedicare alla sua manifestazione fieristica più affascinante: Euroluce, il più importante appuntamento internazionale per il settore dell'illuminazione. E la luce è il tema principale della mostra, che viene affrontato da alcuni tra gli artisti più famosi a livello mondiale provenienti dai cinque continenti.

Detto questo, non mi resta che augurare alla stessa il medesimo successo di *Stanze e Segreti*, a buon titolo giudicata la più bella mostra milanese d'arte contemporanea degli ultimi vent'anni.

Da ultimo, vorrei ricordare che il Salone del Mobile non è solo soggetto promotore di eventi di prestigio. Ultimamente è divenuto anche oggetto di interessanti iniziative altrui: il Victoria and Albert Museum ha organizzato *Milan in a Van. The best of the Milan Furniture Fair comes to the V&A*, una vera e propria "retrospettiva immediata" sul Salone 2002, prelevando il giorno di chiusura della scorsa edizione del Salone e trasportando a Londra 70 pezzi tra i più nuovi e rappresentativi del mondo del design e dell'arredamento. Il curatore della mostra ha addirittura paragonato il nostro Salone a "un felice mix tra il Festival di Cannes, il Festival di Edimburgo, la Biennale di Venezia e la Settimana della moda di Parigi". Un riconoscimento che non avremmo mai pensato di ricevere.

Nel numero dello scorso novembre di "Wallpaper", una delle riviste di tendenza più note a livello internazionale, il Salone è stato annoverato – insieme a prodotti, marchi, personaggi, luoghi, aziende, monumenti – tra le 50 "eccellenze" che rappresentano e creano l'immagine italiana nel mondo e definito "il villaggio del design, che porta dove gli altri poi andranno".

Mi piace ricordare questa citazione che "mi" e "ci" inorgoglisce in quanto risultato di una precisa filosofia di lavoro e di progetto, la stessa che guida il mio impegno di imprenditore e il mio ruolo di Presidente di Cosmit. Un riconoscimento al *modus operandi* italiano, che si esprime non solo in indiscussa creatività ma anche in capacità di innovazione, di impegno e di fiducia nelle possibilità imprenditoriali e che sa proporre valori universali, qualità fondamentali e soluzioni originali per la cultura, l'impresa e l'economia.

Il Salone del Mobile è in realtà tutto questo. Oltre a vantare il primato di essere la fiera del settore più grande nel mondo, resta il consolidato punto di riferimento di tutto il mondo dell'arredamento a livello internazionale. Uno straordinario punto d'incontro tra creatività e produzione di grande impatto cosmopolita.

Rosario Messina
Presidente Cosmit

The cultural exhibitions that Cosmit has organized for years in tandem with its own trade shows are now recognized as events of great importance. Here I would like to recall Mobili Italiani 1961-1991 (Italian Furniture 1961-1991) *and* Made in Italy?*, realized respectively on the occasion of the 30ᵗʰ and 40ᵗʰ edition of the Salone del Mobile at Milan's Triennale; the monographs dedicated to great designers, particularly that dedicated to Achille Castiglioni, whose genius and modesty have left an indelible mark on us all;* Stanze e Segreti (Rooms and Secrets)*, realized in 2000 at the Rotonda della Besana, an important first step in the collaboration with the Comune di Milano, Cultura e Musei – Department of Museums and Installations; and* Imagining Prometheus *in 2003, at the Palazzo della Regione and Piazza dei Mercanti, in one of the most beautiful and historically important zones of Milan, which renews and deepens this partnership. An event that Cosmit wanted to dedicate to its most intriguing trade show: Euroluce, a very important international meeting place in the field of illumination. And light is the principal theme of the installation, which will be addressed by some of the world's most famous artists coming from five continents.*

This said, nothing remains for me but to wish this installation the same success achieved by Stanze e Segreti*, considered Milan's most beautiful display of contemporary art in the last 20 years.*

Finally, I would like to remind people that the Salone del Mobile is not only the promoting body for prestigious events. Lately it has become itself the object of other's interesting initiatives: The Victoria and Albert Museum organized Milan in a Van: The best of the Milan Furniture Fair comes to the V&A*, a true "immediate retrospective" of Salone 2002, for which, the day of the closing of the last edition of the Salone, they picked up and transported to London 70 of the newest pieces – those most representative of the world of design and interior decoration. The curator of the show further compared our Salone to "a happy blend of the Cannes Festival, the Edinburgh Festival, the Venice Biennale and Paris' Fashion Week." A recognition we had never thought to receive.*

And in last November's issue of Wallpaper, one of the most important internationally recognized magazines regarding trends, the Salone is numbered – among products, brands, personalities, places, stores, monuments – as one of the 50 "excellencies" that represent and make up the world's image of Italy, and defined "the design village that takes one where others then follow."

I like recalling this quote that makes me – or us – proud insofar as it is the result of a precise philosophy of work and planning, the same as that which guides my work as an entrepreneur and my role as Cosmit's President. A recognition of the Italian modus operandi*, expressed not only in its indisputable creativity but also in its capacity for innovation, for commitment, for belief in entrepreneurial possibilities. That knows how to propose universal values, fundamental quality and original solutions for culture, enterprise and the economy.*

The Salone del Mobile is actually all this. Looking beyond boasts of the supremacy of being the world's largest trade show, it remains the consolidated point of reference for the entire world of interior decoration on an international level. An extraordinary meeting point between creativity and production with an enormous cosmopolitan impact.

Rosario Messina
President of Cosmit

Immaginando Prometeo

*La scintilla di fuoco radice delle arti, lui l'ha rubata,
l'ha fatta compagna dei mortali.*
(Eschilo, *Prometeo incatenato*, prologo, vv . 6-7).

Non solo nella mitologia classica del nostro Occidente ma nell'immaginario archetipico di quasi tutte le culture del mondo, il fuoco appartiene agli dei, come traspare anche dagli ingenui racconti dei *Miti dell'origine del fuoco* raccolti da Sir James George Frazer.

Prometeo è il Titano che con l'inganno trafugò il fuoco a Giove per farne dono all'umanità: da quella prima scintilla rubata al sole, nascosta nel cavo di una canna, discende la capacità dell'uomo di creare il fuoco, di produrre la luce e di dare vita a tutte le arti, a cominciare dalla ceramica fino alla forgia dei metalli.

Le più antiche tracce archeologiche di un fuoco creato dall'uomo sembrano essere quelle trovate nel cavo di un tronco fossile dell'ominide di Swartkrans risalente a circa un milione e mezzo di anni fa: un tempo molto recente se si considera che la Terra – secondo gli ultimi calcoli scientifici basati sulle permanenze luminose del Big Bang originario e captate di recente da un osservatorio della Nasa – dovrebbe avere una vita di diciassette miliardi e mezzo di anni.

Risale però solo a poco più di un secolo fa l'invenzione di Edison che ha permesso di creare la luce senza accendere una fiamma. Certo, anche il filamento di una lampadina brucia, ma dopo millenni e millenni in cui la pratica dell'uomo con la luce ha avuto una natura rituale se non sacrale, questa relazione comincia a farsi – a partire da quel momento – sempre più meccanica e distaccata; sino a giungere ai giorni nostri in cui le più recenti applicazioni tecnologiche ci permettono di far luce senza neanche sfiorare un pulsante e soprattutto senza che alcunché arda.

Immaginando Prometeo e il suo viaggio compassionevole dal sole verso la terra, non si vuole mettere in scena il mito, né allestire una vetrina di artisti che utilizzino la luce come strumento espressivo. Probabilmente Prometeo non salirà affatto sulla scena del Palazzo della Ragione, in occasione di *Euroluce 2003*, dove è possibile ritrovare i progetti e i prodotti più avanzati nel campo della ricerca illuminotecnica. L'intento è invece quello di dar vita a un racconto che parli della luce, assumendo il Sole e il fuoco come riferimenti mitologici delle diverse culture del mondo, per sollecitare una creatività che muova da differenti sensibilità e utilizzi i più innovativi linguaggi.

Il sogno è quello di condurre il visitatore in un viaggio attra-

Imagining Prometheus

The spark of fire, root of the Arts, he stole,
he gave to mortals.
(*Aeschylus*, Prometheus Bound, *prologue, vv. 6-7*).

Not only in our classical Occidental mythology, but in the imaginary archetype of almost every world culture as well, fire belongs to the gods, as shines through the ingenious tales gathered by Sir James George Frazer in Myths of the Origins of Fire. *Prometheus is the Titan who treacherously carried off Jove's fire to give it to mankind: from that first spark stolen from the sun, hidden in a hollow reed, spring all of man's capacity to create fire, to produce light and all the arts, from ceramics through the forging of metals.*

The oldest archeological traces of man-made fire seem to be those found in the hollow of a fossilized log used by hominoids in Swartkrans, dating back to around a million and a half years ago: very recently if one considers that the Earth – according to the latest scientific calculations based on the luminous remains of the original Big Bang recently picked up by one of NASA's observatories – would have to be 17,500,000 years old.

It was, however, only a little more than a century ago that Edison's invention allowed the creation of light without flame. Certainly the filament of a light bulb burns, but after millennia and millennia in which man's experience of fire had a ritual – if not sacred – nature, from that moment on this relationship began to be always more mechanical and detached: until our present days in which the most recent technological developments allow us to create light without even touching a switch, and above all without burning anything.

Imagining Prometheus and his compassionate voyage from sun to earth, there is no desire to stage the myth, or to display a shop window full of artists who use light as an expressive instrument. Most likely, Prometheus himself will not make an appearance at the Palazzo della Ragione, on the occasion of Euroluce 2003, where one can find the most advanced projects and products in the field of illumination research. The intent is rather to give life to a story that speaks of light, taking the sun and fire as mythological reference points in the diverse cultures of the world, to solicit a creativity evocative of different sensibilities, using the most innovative languages.

The dream is to lead the visitor on a voyage through that intermediate space in which light dwells between its roots in myth and the products of the most advanced technology, between

Stampa del Palazzo della Ragione
(1760-1775)

Ancient print of Palazzo della Ragione (1760-1775)

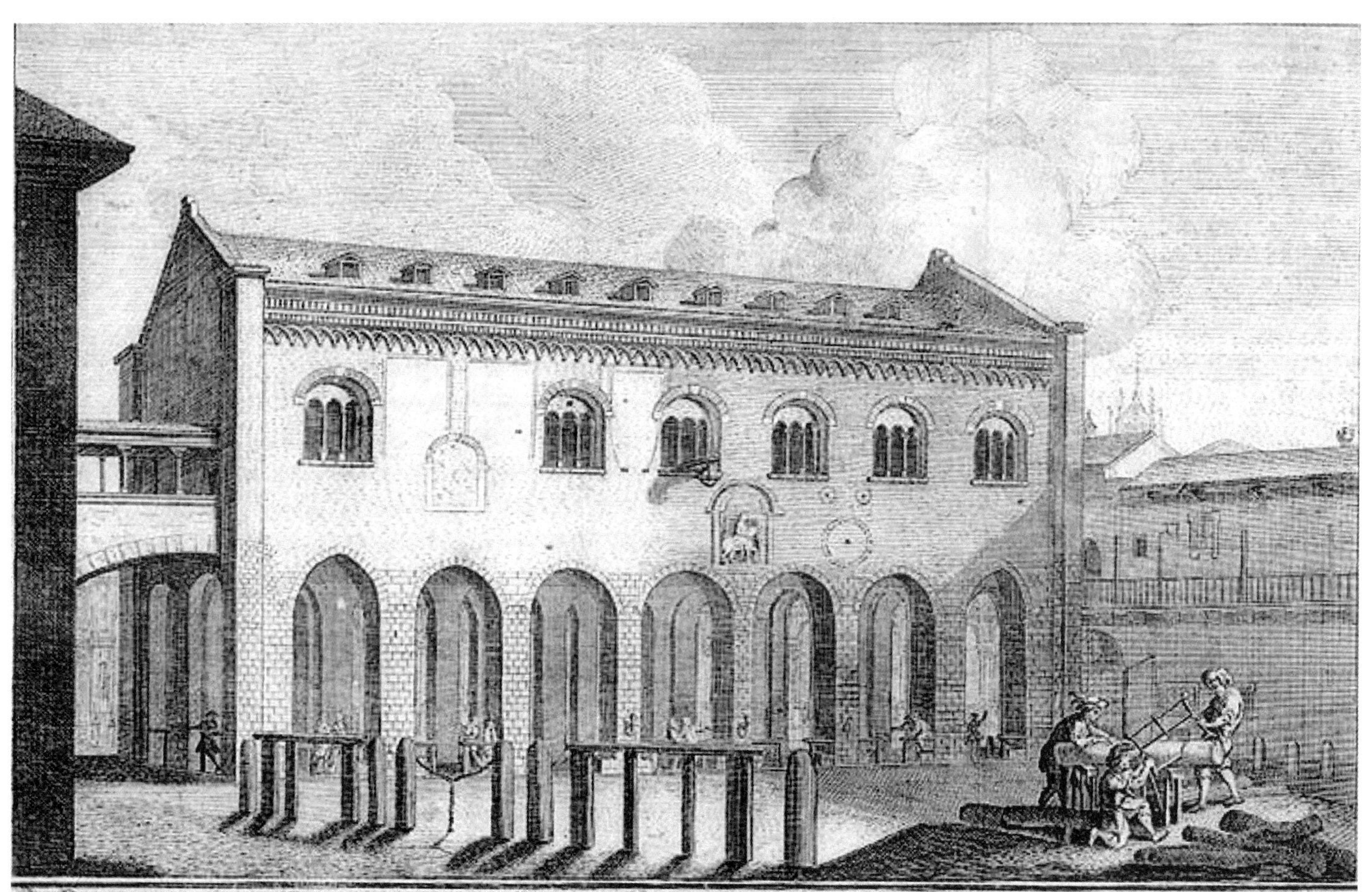

verso quello spazio intermedio in cui la luce vive tra le radici del mito e i prodotti della più avanzata tecnologia, tra la luce naturale del sole e le innumerevoli forme del *fuoco industriale*.

Oggi forse solo gli artisti – siano essi poeti o scultori, musicisti o registi, letterati o videomakers – possono esplorare quello spazio e unire alla dimensione estetica la componente emozionale del rapporto dell'uomo con la luce che non conosce confini, né geografici né culturali.

Nel corso della settimana del Salone del Mobile, da anni Milano si anima per dare vita a un vero e proprio festival della creatività, l'unico fenomeno che coinvolga l'intera città in una galassia di iniziative. In questo quadro la collaborazione progettuale tra il Comune di Milano e il Cosmit ha permesso la realizzazione di manifestazioni artistiche completamente svincolate dalla logica produttiva. Non poteva esserci luogo migliore per rinnovare questa collaborazione del Palazzo della Ragione, costruito tra il 1228 ed il 1233 dal podestà Oldrado da Tresseno, raffigurato a cavallo in una nicchia situata su una facciata esterna verso l'attuale Piazza dei Mercanti.

Questo edificio, conosciuto anche come Broletto Nuovo, è stato uno dei simboli dell'indipendenza di Milano: il monumento più importante dell'architettura civile della Milano comunale, sede dell'attività di amministrazione della giustizia. Nella prima metà del Settecento, Maria Teresa d'Austria lo trasformò in archivio, realizzando pure un sopralzo riconoscibile anche oggi per la lunga fila di finestroni ovoidali. Tuttavia il Palazzo della Ragione è sempre rimasto al centro della Piazza dei Mercanti, fulcro di uno spazio pubblico a pianta quadrata e chiuso sui quattro lati. Oggi, con le trasformazioni dell'ultimo secolo, questo edificio ha perso la sua centralità monumentale: l'obiettivo di ricostruirne l'unità con lo spazio circostante è parte integrante di questo progetto.

Immaginando Prometeo si sviluppa quindi in un luogo della città da riscoprire, non in un contenitore museale ove accogliere opere di artisti concepite altrove: un luogo da scoprire come in un viaggio, che si vuole mantenere in dialogo costante con gli artisti e con le loro opere, tutte ideate e realizzate appositamente per questa occasione.

"Qualsiasi cosa io faccia – uno spettacolo teatrale o una scultura in vetro, un'installazione in un museo o un progetto architettonico – comincio sempre dalla luce" ha sempre detto Robert Wilson, cui è affidato il compito di creare l'architettura del paesaggio con cui dialogano le installazioni degli artisti. Come in ogni viaggio che non si voglia trasformare in un rischioso vagabondaggio, anche qui è necessaria una guida: in questo itinerario, che coinvolge un sistema di spazi, egli ha creato una megastruttura affinché "il viaggio di esplorazione sia la scoperta di un elemento che sostiene un altro per differenza o somiglianza".

L'itinerario prende il via con l'approssimarsi al luogo dell'evento. Per restituire almeno idealmente una nuova centralità al Palazzo della Ragione era necessario metterlo in luce, costantemente, nel giorno e nella notte. È quello che accade in modo scul-

the natural light of the sun and the countless forms of industrial fire. Today perhaps only artists – be they poets or sculptors, musicians or directors, writers or video makers – have the ability to explore that space and unite the aesthetic dimension with the emotional component of man's rapport with light, which knows no confines, neither geographical nor cultural.

For years now, during the course of the Salone del Mobile week Milan puts itself out to give life to a true and proper festival of creativity, a unique phenomenon that involves the whole city in a galaxy of events. In this framework the collaboration between the Comune of Milan and Cosmit allows the realization of artistic exhibitions, freed from any ties to the logic of productivity. There can be no better place to renew this collaboration than the Palazzo della Ragione, built between 1228 and 1233 by podesta Oldrado da Tresseno, portrayed on horseback in a niche situated on an exterior façade leading towards the actual Piazza dei Mercanti.

This edifice, known also as Broletto Nuovo, was one of the symbols of Milan's independence, the comune's most important monument of civil architecture, and the seat of the administration of justice. In the first half of the 1700's, Maria Teresa of Austria turned it into an archive, also raising the ceiling of the second story and adding a wall running the entire circuit of the building, still recognizable today for its long line of oval windows. Nevertheless, the Palazzo della Ragione has always had its place at the center of the Piazza dei Mercanti, fulcrum of a public square closed on all four sides. Today, with the last century's transformations, this building has lost its monumental centrality: the objective of reconstructing its unity with the surrounding space is an integral part of this project.

Imagining Prometheus will therefore be developed in a part of the city to rediscover, not in a museum-container meant to gather artists' works conceived elsewhere; a place through which to make a journey of discovery, with the idea of maintaining a constant dialogue between the artists and their works, all projected and created specifically for this occasion.

"Whatever I do, whether it's an installation in a museum or a gallery, or a work in the theatre, or an architectural project, I always start with light first," Robert Wilson has always said, and it is to him that the task of creating the landscape's architecture has been entrusted, within which this dialogue will take place. As with any journey, to avoid transformation into hazardous wanderings, a guide is necessary: in this itinerary involving a system of spaces, he has created a megastructure so that "it is a journey of discovery as to how one thing supports another, either through their differences or their similarities."

The itinerary begins as one approaches the site of the event. To restore at least the ideal of the centrality of the Palazzo della Ragione, it was necessary to shine a light on it, constantly, day and night. This is achieved in a sculptural manner through the installation of sixteen banners crowning the building, illuminating it with spectacular images of the sun, obtained from the lat-

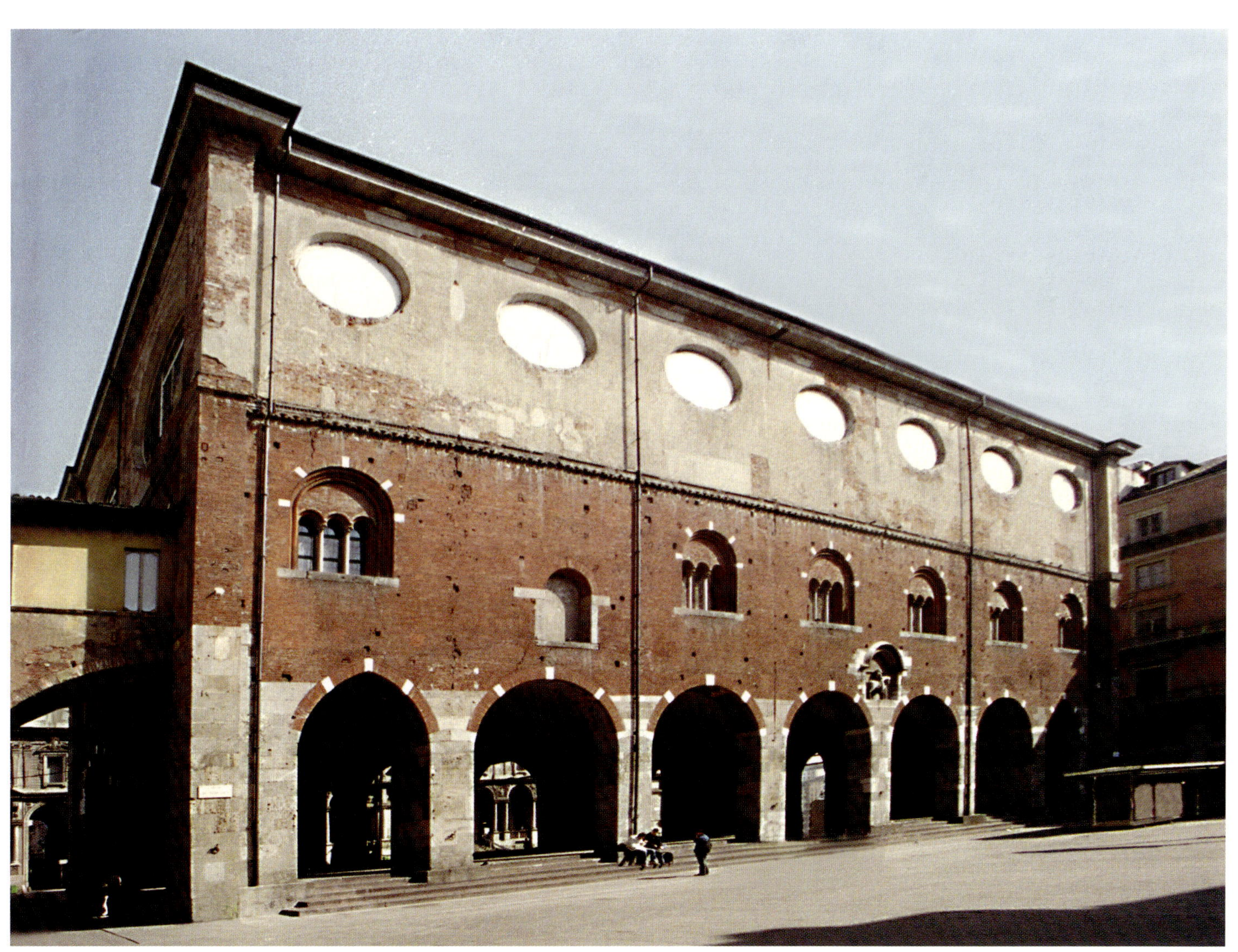

Palazzo della Ragione visto da
piazza dei Mercanti

*Palazzo della Ragione seen from
piazza dei Mercanti*

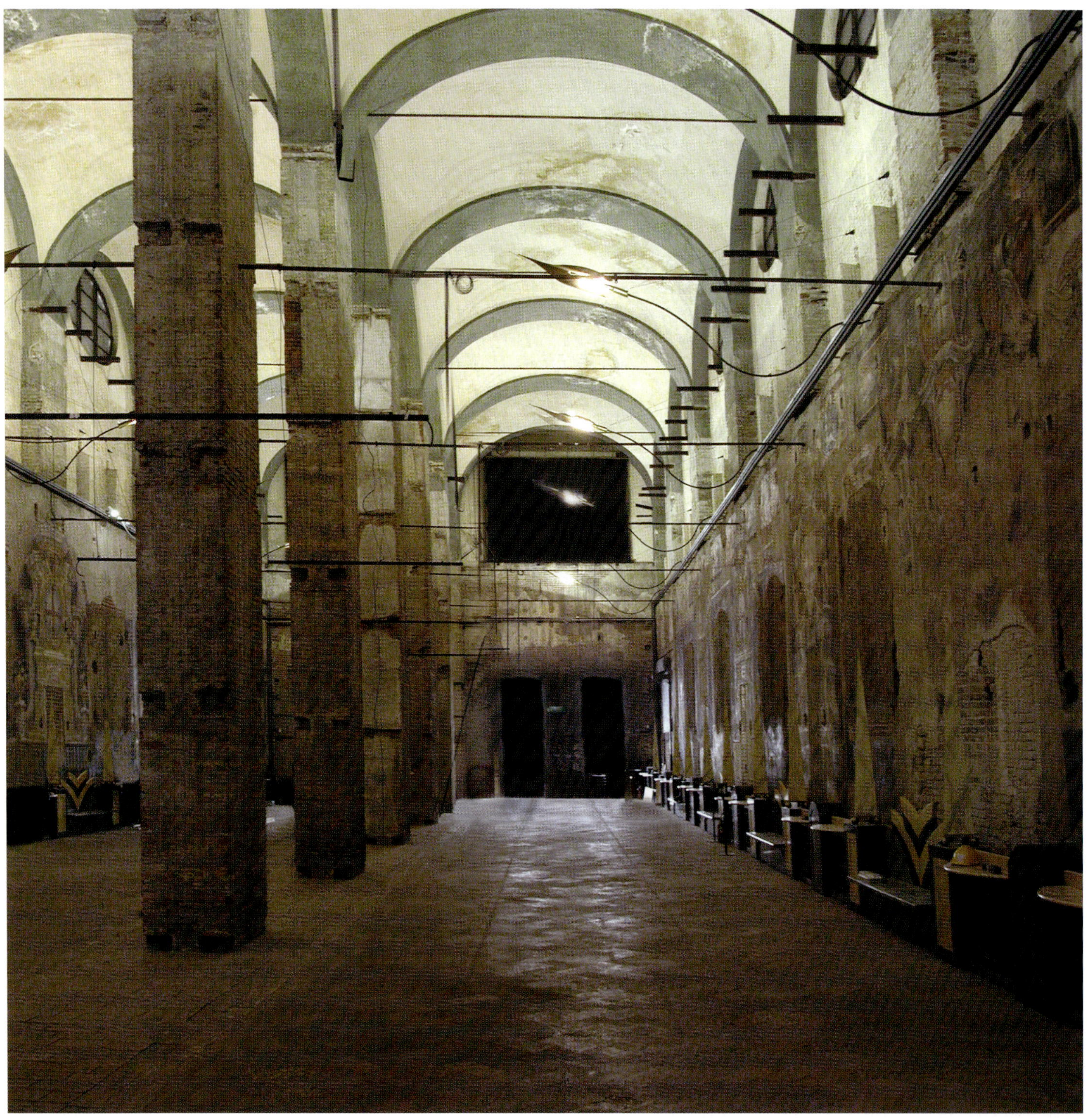

toreo con l'installazione di sedici stendardi posti a coronamento dell'edificio, che lo *illuminano* con immagini spettacolari del Sole provenienti dalle ultime e più avanzate osservazioni astronomiche.

Il viaggio prosegue quindi lungo le scale che conducono al primo piano fino al grande salone, dove sono visibili fianco a fianco le tracce medievali e quelle della ristrutturazione settecentesca, per scendere poi nel loggiato sottostante attraverso la nuova scala situata sul lato opposto a quello dell'entrata. Si attraversa quindi la Loggia dei Mercanti per ritrovarsi nella Piazza a pochi metri dal luogo dove il viaggio è cominciato.

Concepito come attraversamento di un paesaggio di figurazioni, il viaggio è scandito nel tempo da una partitura musicale che avvolge lo spazio, una struttura architettonica di suoni appositamente composta da Giovanni Sollima: un ipnotico anello che si ripete incessantemente. In modo ora nervoso ora sognante, Sollima crea così un racconto parallelo della luce.

Artisti che operano in orizzonti culturali distanti – dall'Europa all'Asia, dall'America all'Africa e all'Australia – sono quindi a Milano, sollecitati a ispirarsi al mito di Prometeo per raccontarci il loro modo di vivere la luce.

Affidata alla musicalità della parola nelle forme liturgiche e alla sacralità del segno nelle lingue delle Scritture, l'installazione ideata da Moni Ovadia con la sensibilità visiva di Gianni Carluccio è quasi un *incipit* meditativo: immediato ci giunge l'invito a porre la nostra attenzione alle connotazioni trascendentali della Luce, in particolar modo nelle tre religioni monoteiste. La cantillazione coranica si fonde al canto bizantino e alla cantoralità ebraica mentre si sale e – attraversando un lungo corridoio blu – ci si lascia alle spalle le luci del giorno per entrare in una stanza bianca dove l'artista russo Vadim Fishkin realizza una sorta di compressione del tempo, in cui si possono sperimentare, in una rapida accelerazione di pochi secondi, i cambiamenti della luce che si succedono nel corso naturale di un intero giorno.

Attraverso questo spaesamento di luce e tempo, il viaggiatore accede alle due alte navate del Palazzo della Ragione: uno scuro paesaggio lavico, quasi una rarefatta galassia, in cui un preciso sentiero invita a un'esplorazione di stelle e pianeti. Lo scrittore nigeriano Wole Soyinka evoca le figure mitologiche di Sango e Ogun, divinità della luce e della creatività nella mitologia yoruba, il cui primo fuoco non giunge dal cielo ma scaturisce dal centro della Terra. Il giovane artista indonesiano Heri Dono, insieme al suo maestro Sukasman, richiama invece la matrice cerimoniale e sacra del teatro delle ombre di Java in cui il *dalang*, vero sacerdote della luce, manipola le ombre quale mediatore tra il mondo degli umani e quello degli spiriti e degli dei. L'artista brasiliana Lygia Pape sollecita il senso dello stupore primario di fronte a una luce fatta di migliaia di raggi dorati, fili di lino e di metallo che dall'alto delle arcate scendono sino al pavimento, a rievocare quell'esperienza archetipica, fatta di paura e di meraviglia, che ha sempre accompagnato l'uomo nella sua relazione con il fuoco e con la luce.

Prometeo sembra quindi apparire non con le forme del Titano, ma con quelle del satellite che ruota intorno al pianeta Satur-

est and most advanced astronomic observations.

The journey then proceeds along the staircase leading to the second floor's huge salon, where traces of the Middle Ages rest alongside those of the 17th century restructuring, to descend the new staircase located on the far side of the salon, down to the gallery below. One then crosses the Loggia dei Mercanti to find oneself back in the Piazza a few meters from where the journey began.

Conceived as a passage through a figured landscape, the journey is measured by a musical score that envelopes the space, an architectonic structure of sound composed specifically for this occasion by Giovanni Sollima: a hypnotic cycle that repeats incessantly, at times nervous, then dreamy. Sollima thus creates a parallel to the story told by the lights.

Artists that work in very diverse cultural horizons, from Europe to Asia, from America to Africa to Australia, are gathered in Milan, invited to take inspiration from the myth of Prometheus to recount to us their ways of living in the light.

Putting faith in the musicality of the word in liturgy and the sacredness of symbol in the Scriptural tongue, Moni Ovadia imagined his installation, with the visual sensibility of Gianni Carluccio, as almost a meditative incipit*: he offers us the invitation to focus our attention on the transcendental connotations of the Light, particularly as treated in the three monotheistic religions. The Koran's call is founded in the Byzantine song and in the Hebrew chant as one goes up and – passing through a long blue hallway – leaves behind the light of day to enter a white room where Russian artist Vadim Fishkin creates an effect of compressed time, in which one can experience, in a few seconds of rapid acceleration, the changes of light that occur naturally through the course of an entire day.*

Passing through this confusion of light and time, the traveler enters the two high galleries of the Palazzo della Ragione: a dark, lava-sand landscape, almost a rarified galaxy, through which a precise path leads one on a interplanetary exploration. Nigerian writer Wole Soyinka evokes the mythical figures of Sango and Ogun, divinities of light and creativity in Yoruban mythology, where fire first came not from the heavens, but from the Earth's core. Young Indonesian artist Heri Dono, working with master Sukasman, evokes the sacred ceremonial matrix of the shadow puppet theater of Java in which the dalang*, true priest of the light, manipulates the shadow, mediator between the world of men and those of the spirits and gods. Brazilian artist Lygia Pape evokes the sense of primal stupor felt before a light made of millions of golden rays, linen and metal threads that from the arch high above descend to the floor, to re-evoke the archetypical experience, mingling fear and wonder, that has always accompanied man's relation with fire and light.*

Prometheus then seems to appear not in the form of a Titan, but in the form of a moon that revolves around Saturn, fluttering in midair like a transparent crystal: in Peter Bottazzi and Ritsue Mishima's light installation – using a secret stolen from

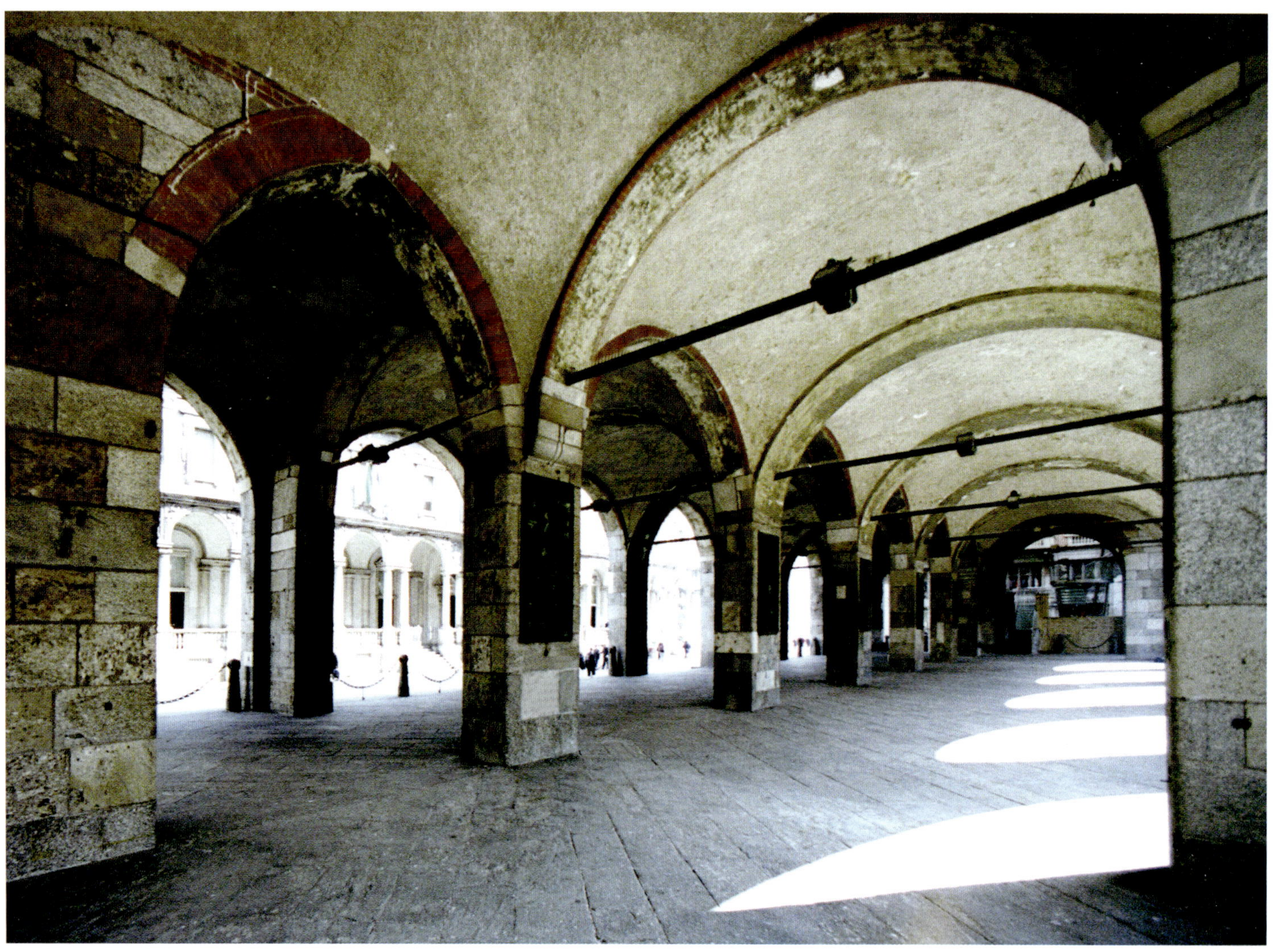

no, fluttuando a mezz'aria come un cristallo trasparente: nell'installazione ideata da Peter Bottazzi e da Ritsue Mishima, la luce – rubati i segreti alle fornaci di Murano – sembra solidificarsi in vitree forme trasparenti.

La luce prende invece le forme inquiete di una fredda tecnologia, fatta essenzialmente di fibre ottiche, nell'installazione dell'artista australiana Robyn Backen che sembra evocare ai nostri occhi le prime luci del caos originario dell'universo.

Si giunge così al buio tunnel – disposto da Robert Wilson al termine del viaggio prima di scendere nella loggia sottostante – al fondo del quale scorre il poema visivo dell'iraniana Shirin Neshat: mentre il suo corpo è teatro di scene di guerra, una donna si immola con il fuoco per testimoniare la necessità di far rivivere sentimenti universali di tolleranza e pacifica convivenza tra gli uomini; ma dalle ceneri risorge la sua immagine in un ciclo continuo di sacrificio e rinascita.

Abbandonato lo spazio al primo piano, il visitatore scende verso la terra di un novello Prometeo: l'installazione che Fabrizio Plessi, con la musica di Philip Glass, dispone nell'intera superficie della Loggia dei Mercanti. Una flotta di imbarcazioni – navigando all'ingiù in un mare confuso con il cielo – sembra scendere da un sole lontano per portare nuovamente sulla terra il fuoco e per rinnovare nell'umanità quell'esperienza magica che non le appartiene più da tempo. Il fuoco, e con esso la luce, giunge così attraverso tubi catodici e non più nel cavo di una canna, ma accompagnato dai profumi dei legni bruciati di imbarcazioni, che hanno osato rubare nuovamente il fuoco agli dei contemporanei della religione tecnologica.

Quando infine si ritorna nella Piazza dei Mercanti, cinque sculture progettate dal gruppo milanese e123 propongono una declinazione dei cinque sensi della luce, ma sono soprattutto cinque inviti a sostare, *immaginando Prometeo*.

Il sole blu è stato posto da Pierluigi Cerri ad emblema di questo progetto: è l'immagine stupefacente del sole con la fibrillazione della sua superficie, visto come non potrà mai essere colto dall'occhio umano. È l'immagine della luce che racchiude in un'unica forma la natura e l'artificio, lo scorrere immutabile degli eventi celesti e il progredire della ricerca scientifica. *Immaginando Prometeo* è un viaggio per non dimenticare di guardare indietro. E non per tornare indietro.

Murano's furnaces – seems to solidify in transparent glass shapes. Light takes the disturbing form of cold technology, essentially made of fiber optics, in the installation of Australian artist Robyn Backen evoking to our eyes the first light of original, universal chaos.

One arrives then at the black tunnel – set by Robert Wilson at the end of the journey before the descent to the lower gallery – at the back of which Iranian artist Shirin Neshat's visual poem is projected: while her body hosts images of war, a woman immolates herself with fire to bear witness to the need to reawaken universal feelings of tolerance and peaceful co-existence among men: from her ashes her image reforms in a continual cycle of sacrifice and rebirth.

Leaving the second floor space, the visitor heads down into the world of a new Prometheus: Fabrizio Plessy's installation, with music by Philip Glass, fills the entire surface of the Loggia dei Mercanti. A fleet of boats – navigating upside-down in a sea confused with the sky – seem to descend from a distant sun to carry anew the fire to earth and to renew humanity's magical experience that has been lost in the passage of time. Fire, and with it light, thus arrive now in the form of cathode tubes and no longer in a hollow reed, yet still accompanied by the perfume of burnt wood from the crafts that dared to steal once more the fire of the gods of the modern religion, technology.

When one finally returns to the Piazza dei Mercanti, five sculptures created by the Milanese group e123 propose a declension of the five senses of light, and are above all an invitation to rest, imagining Prometheus.

The blue sun was chosen by Pierluigi Cerri as the emblem of this project: it is a stunning image of the sun with fibrillation running over its surface, seen as it never could be by the naked human eye. It is an image of light that combines in one single shape nature and artifice, the immutable course of celestial events and progress of science. Imagining Prometheus *is a journey to remind us not to forget to look back. And not to turn back.*

Il giorno, le forme, la fiamma: esperienza e simbolica della luce

Il giorno

La luce è giorno, forma, fiamma. L'esperienza prima della luce è quella del vedere e nel vedere noi non vediamo la luce, come se fosse un qualunque oggetto – un albero, una montagna, un fiore, il cielo stesso –, ma siamo nella luce: *è la luce che ci fa vedere*. Questa e non altra è la luce di cui gli uomini fanno abitualmente esperienza e non coincide con quella di cui si legge nei libri di fisica.

Per descrivere l'esperienza della luce non conosco via migliore se non quella di parlare della luce al modo in cui gli uomini ne parlano e perciò prendendo avvio dalla *parola stessa*, dalla delucidazione del suo significato originario.

L'esperienza che gli uomini fanno delle cose è primariamente espressa nella parola che la nomina. Quando dunque gli uomini pronunziano la parola luce cosa intendono veramente dire, cosa con questo termine vogliono esprimere, quale esperienza comunicare? Nella lingua greca luce si dice *phaos/phos*, dalla radice *pha* da cui discende anche il verbo *phaino*, che significa esattamente "mostrare", "rendere manifesto". L'esperienza prima che gli uomini fanno della luce è dunque quella dello *svelare*: ciò risulta evidente negli stessi termini latini *lux/luceo*, derivanti dalla radice *luc* che significa risplendere non solo nel senso di irraggiare luce, ma anche di illuminare e perciò di far vedere. Non è allora affatto casuale che nella lingua latina il termine *lux* sia impiegato come sinonimo di giorno: di qui, infatti, formule come *prima lux* (alba), *ante lucem* (prima del giorno), *in luci* (durante il giorno). Queste formule per dire la "luce", più che alludere a questa o quella fonte luminosa, indicano il puro disvelarsi del mondo, l'apertura dello spazio della presenza, lo stare delle cose nella visione.

L'esperienza originaria che gli uomini fanno della luce non è tanto quella di vedere la luce, ma piuttosto quella di sentirsi nella luce, di abitarla. A questo stadio di esperienza la luce quindi non coincide con un punto o un luogo nello spazio: coincide con l'aprirsi dello spazio libero del vedere, con l'indefinitamente aperto innanzi a noi e non con la visione di questo o quel punto luminoso nello spazio.

Il parlare comune giunge a conferma di questo, poiché non è la stessa cosa dire "vedere la luce" o "vedere delle luci". Perfino il cielo si manifesta come tale nella luce: infatti ha orizzonte, si disegna sempre e inequivocabilmente come una curva estrema, un confine. Non così la luce, che si pone oltre ogni confine e rende possibile percepirlo come tale. Se consideriamo con attenzione il nostro modo abituale di esperire la luce, ci rendiamo conto che perfino il sole lo cogliamo *nella luce,* come un oggetto lumi-

Day, Form, Flame: Experience and Symbolism of Light

Day

Light is day, shape, flame. The first experience of light is that of seeing, and in seeing, it is not the light that we see as if it were some object, a tree, a mountain, a flower, the sky itself, but we are in the light: it is the light that makes us see. This and no other is the light that men habitually experience and it does not match that of which one reads in physics books.

To describe the experience of light I don't know any way other than speaking of light in the way that men speak of it, starting with the word itself, by which we cloud its original meaning.

Man's experience of things is primarily expressed in the words that name them. Therefore, when men pronounce the word light, what do they truly mean to say, what do they wish to express with this word, what experience do they hope to communicate? In Greek, in fact, for light one says phaos/phos *which comes from the root pha, also the root of the verb* phaino *which means exactly "to show," "to make manifest." The first experience that men have of light is therefore that of "to reveal," which is also evident in the Latin terms* lux/luceo *which come from the root* luc, *which mean to shine not only in the sense of radiating light, but also to illuminate and thus to make seen. It is by no means coincidence that in Latin the word lux is used as a synonym for day: from this come the phrases* prima lux, *"dawn,"* ante lucem, *"before day,"* in luci, *"during the day." In using the word light, these phrases, rather than referring to this or that source of light, indicate instead the revealing of the world, the opening of space to presence, the existence of things in one's vision.*

Man's original experience of light is not that of seeing light, but rather that of being in the light, of inhabiting it. At this stage of experience, therefore, light does not coincide with a point or area in space, but with the opening of a free space for vision, an indefinite opening before us, and not with the sight of this or that luminous point in space.

Common usage tends to confirm this, in that it is not the same thing to say, "to see light" as "to see lights." The sky as well reveals itself through light: in fact it has a horizon, is shaped always and unequivocally in an extreme curve, has confines. It is not so with light, which is placed beyond any confine and makes it possible for us to see them as such. If we consider with attention our habitual way of experiencing light, we realize that we become aware of the sun itself as an object in light, *a luminous object that is now at one point in the sky, now in another: paradoxically, we experience light as something independent of the sun, even though we know that the sun itself is the source of light,*

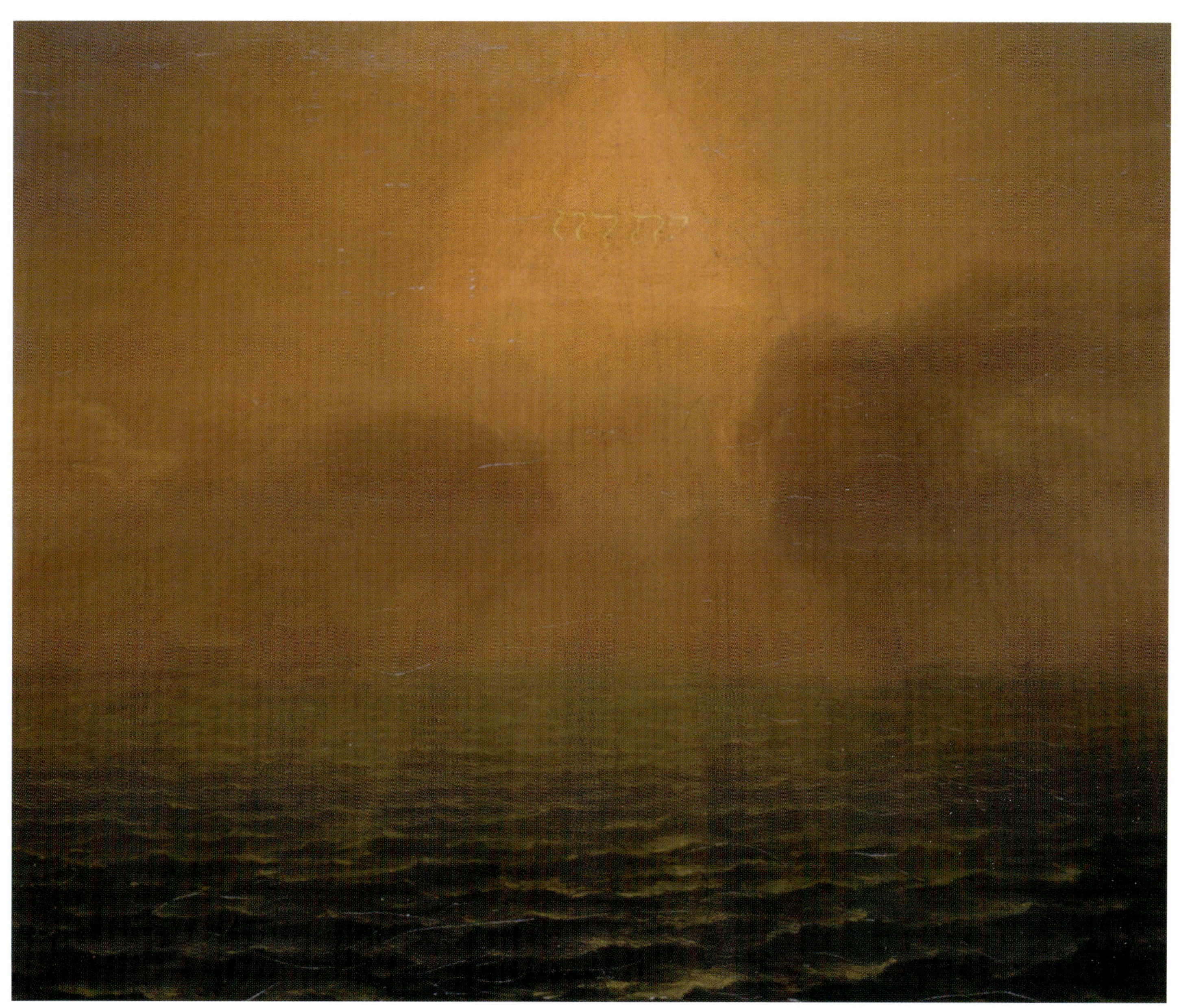

Simon-Mathurin Lantara
Lo spirito di Dio naviga sull'acqua
(1751)
Musée de Grenoble

Simon-Mathurin Lantara
The Spirit of God Sails the Water
(1751)
Musée de Grenoble

Nebulosa *Occhio di Gatto* (NGC 6543)

Cat's Eye *Nebula (NGC 6543)*

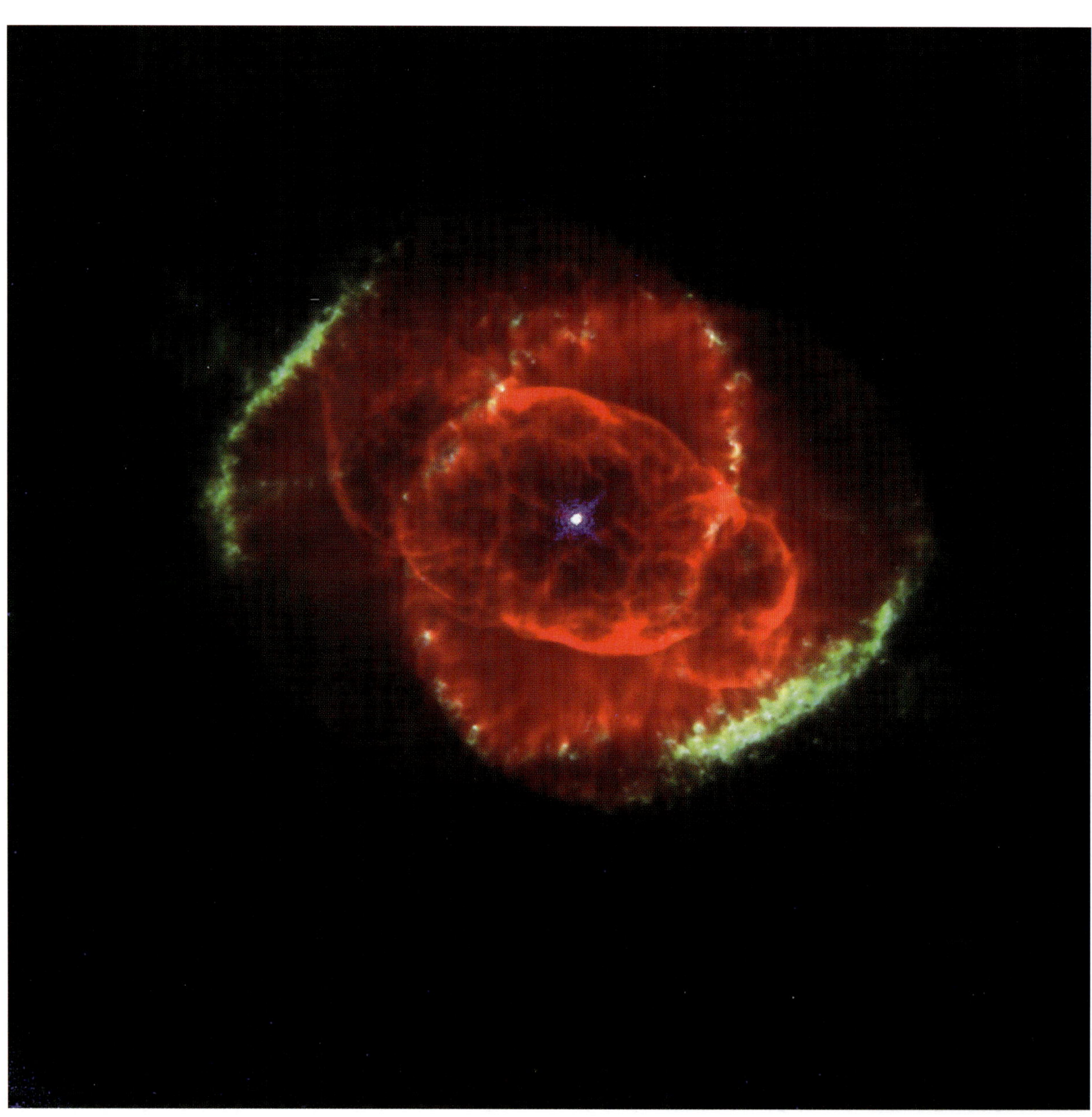

Nebulosa *Occhio di Gatto* (NGC 6543)

Cat's Eye *Nebula (NGC 6543)*

noso che sta ora in un punto ora in un altro del cielo: paradossalmente sperimentiamo la luce indipendentemente dal sole, anche se sappiamo che proprio il sole è fonte di luce e che solo perché c'è il sole è giorno. Ma a farci percepire questo è stranamente la notte, il suo buio, il suo freddo. Quando il sole non c'è, diviene manifesto che è quest'astro a irraggiare la luce. Ma è una deduzione, quasi una prova *per absentiam*. Certo facciamo esperienza della luce anche nella notte: nella luce notturna appare la luna, ma questa e lo stesso cielo appaiono nella luce, che è qualcosa di più e di diverso dal brillare di ogni singola stella. Quella parte più o meno grande di cielo che cade di volta in volta sotto i nostri occhi appare sempre e comunque nella luce.

La luce sta all'inizio, è l'inizio stesso. La fenomenologia della luce qui descritta è perfettamente congrua con i versetti della Genesi: "Sia la luce!" (*Gen.* 1, 3). La luce è creata prima degli astri, ogni cosa viene dopo, appare nella luce. La luce certo non è Dio – il giorno eterno – ma ne è la manifestazione. Il corrispondersi tra la luce, il giorno e Dio ha una chiara evidenza linguistica in latino ove i termini *deus*, *di-es*, *di-vus* costituiscono una sequenza semantica dalla comune radice indoeuropea **dei* (skr. *adidet*), che vuol dire appunto risplendere. Dalla medesima radice derivano lo *Iovis* dei latini e lo *Zeus* dei greci, il cui genitivo è appunto *Dios*: Giove, Dio del cielo, dello spazio aperto, della luce e della folgore. Nella Bibbia la creazione della luce si completa, poi, con le parole: "Dio chiamò la luce giorno e le tenebre notte. E fu sera e fu mattina: primo giorno" (*Gen.* 1,5). La Bibbia definisce la luce come la prima forma d'essere – il primo giorno – ma in certo senso definisce l'essere stesso delle cose come una chiamata alla luce. D'altra parte, la stessa metafora del nascere come "un venire alla luce" indica la vita come un'entrata nella luce, nello spazio illimitato del vedere, già da sempre aperto prima di noi e innanzi a noi.

La percezione della luce come dato sensibile, e più ampiamente il vedere e la visione, hanno dato luogo a un'illimitata fioritura di metafore, che costituiscono il vocabolario di base per una *simbolica*, per l'elaborazione di una mitologia della luce che coagula le diverse modalità con cui gli uomini ne hanno fatto e ne fanno esperienza. In questa prospettiva si comprende facilmente perché la luce che fa vedere – e la visione stessa come luce – sia divenuta una delle metafore per eccellenza della verità, che in greco è, appunto, *aletheia*, il "non nascosto", *a-lanthano*, e quindi ciò che è posto nella luce, la *pura luce*. L'intreccio tra luce e verità risulta evidente nella figura di Cristo, matrice simbolica e

that it is day only because the sun is there. Strangely, it is the night that brings us this understanding: its darkness, its cold. When there is no sun, it becomes obvious that it is this star that radiates light. But this is a deduction, practically a proof in absentia. Of course we experience light at night as well: in the nocturnal light the moon appears, but it and the sky itself appear in light, which is something different and greater than the shine from each individual star. That larger or smaller part of the sky that happens to catch our eye from time to time appears always in light.

Light exists from the beginning, the very beginning. The phenomenology of light described here is perfectly in keeping with the book of Genesis, "Let there be light!" (Gen. 1-3): light is created before the stars; everything else comes afterwards, revealed by the light. Light is certainly not God – eternal day – but it is His manifestation. The correspondence between light, day and God is clear linguistically in Latin, where the terms deus, di-es *and* di-vus *constitute a semantic sequence springing from a common Indo-European root,* *dei *(Skr.* adidet*), that in fact means to shine. From the same root comes the Latin* Iovis *and the Greek* Zeus, *both deriving from* Dios: *Jove, God of Heaven, of open space, of light and lightening. In the Bible the creation of light is completed with the words, "God called the light day, and the darkness night. And there was evening and morning: the first day." (Gen. 1-5). The Bible defines light as the first form of being – the first day – but in a certain sense it defines the existence of everything as an aspect of light. On the other hand, "bringing to light" as a metaphor for birth indicates life as an entering into light, into the limitless space of sight that has been open to us and spread before us since the beginning of time.*

The perception of light as something experienced through the senses, and in a larger sense as sight and vision, has given rise to limitless flights of metaphor that constitute the basic vocabulary of symbolism, *for the elaboration of a mythology of light that brings together the many different ways that men experience it. In this perspective one understands easily why the light that allows us to see – and vision itself as light – has become the defining metaphor for truth. In Greek, in fact, it is* aletheia, *the "not-hidden" a-lanthano, and therefore that which takes the place of light, the pure light. The weaving together of the ideas of light and truth is obvious in the figure of Christ, who is clearly a symbolic matrix and decisive theoretical representation of our Western world. In the Gospel according to John, Jesus is pre-*

cifra teorica decisiva del nostro Occidente. Ebbene, nel Vangelo di Giovanni Gesù viene presentato, sin dall'inizio, come luce e verità – "veniva nel mondo la *luce vera*" (*Gv.* 1,9) – e di sé dice: "Io sono la luce del mondo" (*Gv.* 8,12).

La luce, come pura e semplice esperienza sensibile, fa vedere e illumina e perciò, oltre che una simbolica teologica, si è prestata a divenire metafora della luce intellettuale, della *mente*, che in un certo senso è tutte le cose, che è spazio della rappresentazione. Gli Stoici non si lasciarono sfuggire tale singolare analogia quando fecero derivare il termine fantasia proprio da luce: "Il nome 'phantasia', ovvero rappresentazione, viene da luce, cioè 'phos'. Come infatti la luce rivela se stessa e le cose che circonda, così la rappresentazione rivela se stessa e ciò che l'ha prodotta" (SVF II, Fr. (B) 54).

La fantasia è spazio del simbolico ma anche luogo del concetto e quindi della verità.

Le forme

La luce, inafferrabile in sé, la si afferra dunque nell'effettività, nel suo fare vedere. A conferma di ciò basta pensare che la prima forma in cui, fin dall'antichità, si è formulata una teoria della luce è stata proprio quella dell'ottica – Euclide ne è un documento –, vale a dire l'analisi del suo movimento, le leggi del suo propagarsi.

Le teorie della luce sono andate di pari passo con quelle del vedere e non a caso i termini teorici primari impiegati per la luce sono riflessione, rifrazione, angolo di incidenza. E così avanti.

La luce inaugura lo spazio e per molti versi vi coincide: in essa e per essa la materia esce dall'informe e prende forma, altezza, larghezza, profondità, in una parola dimensione e figura. Nel dispiegarsi delle superfici la materia acquista spessore e qualità nei colori; e spazio e materia insieme, in quanto termini della visione, si trasformano in linee, in figure, in geometria.

L'idea della luce che libera le forme, ma ancor più della luce come prima forma è antica, ma trova una propria precisa formulazione nella dottrina emanazionista dei neoplatonici ed è in pari misura presente nello Pseudo Dionigi e nei Padri della Chiesa fino alla teoria agostiniana dell'illuminazione.

Nel *Fons Vitae* di Shelomoh ibn Gabirol – un testo fondamentale della filosofia ebraica medioevale –, si dice della luce che è "la Parola da cui emana la forma",[1] la parola prima, quella della creazione in cui Dio manifesta se stesso. Ma la luce non solo è forma, bensì risplende sul fondamento stesso, lo manifesta come tale, lo fa uscire da sé: "La forma risplende su di esso e vi si immerge come la luce del sole fa risplendere l'aria e la terra e vi si immerge".[2]

La *parola/forma* è luce intellettuale che a sua volta emana una luce sensibile, che emana da sé, nuovamente, forme che sono ancora figure di luce: appartiene infatti alla luce "di svelare la forma dell'ente e di farla vedere, dopo che essa è rima-

sented from the very beginning as light and truth – "the true light came into the world" (John 8-12) – and he says of himself, "I am the Light of the world" (John 8-12).

Light as a pure and simple physical experience lets us see and illuminates, and for this, besides being seen as a theological symbol, has also loaned itself to metaphors of intellectual light, that of the mind, *which in a certain sense is everything, is the space where everything happens. The Stoics didn't overlook this singular analogy when they derived the term for fantasy from the word for light: "The word* phantasia, *or representation, so to speak, comes from light, that is from "phos." As in fact light reveals itself and the surrounding objects, in the same way representation reveals itself and that which it has as its product." (SVF II, Fr. (B) 54).*

Fantasy is symbolic space but also where one finds the concept and in that the truth.

Form

Light, ungraspable in itself, one comprehends in its effect, in that it makes one see. To confirm this it is enough to realize that the first form in which, from ancient times, a theory of light was formulated was exactly in the form of optics – Euclid is one case in point – that is to say, the analysis of its movement, the laws of its propagation.

The theory of light expands to include that of sight, and it is not by chance that the primary theoretical terms employed for light are reflection, refraction, angle of incidence. And so it goes.

Light is the starting point of space and they go along together quite a ways: in this and for this the physical comes out of the void and takes form, height, length, depth, dimension and shape. In unfolding from the superficies, matter acquires thickness, qualities of color and volume and solidity; in visual terms, it transforms itself into lines, figures, geometry.

The idea of light as that which liberates form, and further, itself, as the first, antique form, finds a precise formulation in the emanationist doctrine of the Neo Platonists and is in equal measure present in the writings of the Pseudo Dionysus and in the subtleties of the Fathers of the Augustinian theory of illumination.

In Shelomoh ibn Gabirol's Fons Vitae *– a fundamental text of medieval Hebrew philosophy – it is said of light that it is "the Word from which form emanates,"[1] the first word, that of creation in which God manifests Himself. But light is not only form, it shines as well on the very fundament, manifesting itself as such, emanating from itself: "form beams on this and envelopes itself as the light of the sun makes the air and earth shine and envelopes them."[2]*

The Word/Form is intellectual light that in its turn radiates a tactile light that, anew, emanates forms that are themselves figures of light, that belong to light "to reveal the form of being and to render it visible, when it has remained hidden."[3] All things are

sta nascosta".[3] Tutte le cose sono creature di luce che discendendo degrada e variamente risplende: come dice Dante, "in una parte più e meno altrove" (*Par.* I, 2-3).

La luce si diffonde di per sé, dilaga. Alano Di Lilla simboleggia la Trinità come un fiume di luce: "Fonte, ruscello e fiume, sebbene siano distinti, convergono in un sol punto… e sono un sole unico, che, simile a una fonte, supera in luminosità il sole stesso". Questa metafora è fortemente presente in tutta l'esperienza mistica ed è proprio una mistica, Mechthild von Magdenburg, che parla di *luce fluente della divinità*.[4] Valga poi, per tutti, Dante, la riviera, il lago di luce:

e vidi il lume in forma di rivera
fulgido di fulgore, intra due rive
dipinte di mirabil primavera.
Di tal fiumana uscian faville vive,
e d'ogni parte si mettien ne' i fiori,
quasi rubin che oro circoscrive

(*Par.* XXX, 61-66)

Luce e colori: *primavera*, *rubin* e più avanti dirà *topazi*.

I temi del neoplatonismo arabo-ebraico hanno fortemente influenzato il medioevo latino e di ciò vi è testimonianza perspicua nella *Metafisica della luce* di Roberto Grossatesta (1168-1253). Come è evidente, questo filosofo – poi vescovo di Lincoln – prende molto sul serio le parole della Scrittura: *Fiat lux*. È scritto: "Dio creò il cielo e la terra. Ora la terra era informe e deserta e le tenebre ricoprivano l'abisso" (*Gen.* 1,1-2).

All'origine dell'universo sta una materia informe – "*terra erat inanis et vacua*" – ed è proprio la luce la prima forma dei corpi – *forma corporeitatis* – che, diffondendosi, libera le forme nella materia, dà a essa figura e dimensione.

L'opuscolo di Grossatesta sulla luce ha per l'appunto come sottotitolo *De inchoatione formarum*, il "cominciamento delle forme". Il *De luce* si apre, infatti, con queste parole: "Ritengo che la forma prima corporea, che alcuni chiamano corporeità, sia la luce. La luce, infatti, per sua natura si propaga in ogni direzione, così che da un punto luminoso si genera istantaneamente una sfera di luce grande senza limiti, almeno che non si frapponga un corpo opaco… Ora, io ho indicato nella luce ciò che ha per natura questa capacità, cioè di moltiplicare se stessa e di propagarsi istantaneamente in ogni direzione. Quindi qualunque cosa produce questo effetto o è la luce oppure la produce in quanto partecipe della luce, la quale agisce in tal modo per propria virtù. *Quindi o la corporeità è la luce stessa oppure essa agisce in quel modo e conferisce le dimensioni alla materia in quanto partecipa della natura della luce e agisce in virtù di essa*".[5]

Dal momento che la luce è la prima forma corporea e ogni corpo è formato nella materia della luce, Grossatesta descrive la formazione del cosmo attraverso il suo propagarsi infinito.

creatures of light whose light diminishes, shining variously: as Dante says, " in a place more or less elsewhere" (Par. I, 2-3). Light diffuses in and of itself, spreads out. Alano De Lilla symbolizes the Trinity as a river of light: "Spring, brook and river, although distinct, converge in one single point…and they are one singular sun that, similar to a spring, outdoes the sun itself in luminosity." This metaphor is strongly present in all mystical experience, and it was indeed the mystic Mechthild von Magdenburg who spoke of the flowing light of divinity.[4] *Dante's riverbank, the lake of light, therefore give the summation of this theme.*

There I saw light like a river in its molten glow
That golden flowed between two banks aflower
With spring's fresh miracle. From out the stream
Came leaping sparks that in the blossoms fed,
Rubies in cups of sunlight.

(Par. XXX, 61-66)

Light and color: Spring, rubies *and a bit later he also mentions* topaz.

The themes of the Arab and Hebrew Neo Platonists strongly influenced the philosophy of the Latin Middle Ages as Robert Grosseteste's (1168-1253) Metaphysics of Light *clearly bears witness. It is evident that this philosopher – then Bishop of Lincoln – takes very seriously the words of Scripture:* Let there be light. *It is written: "God created the heavens and the earth. Now the earth was formless and deserted and darkness moved over the face of the abyss" (Gen. 1,1-2).*

When the universe originated, there was formless matter – "terra erat inanis et vacua" – and light itself is the first embodied matter – forma coporeitatis – *that freely diffusing form through matter, gives it shape and dimension.*

Grosseteste's tract on light actually is subtitled de inchoatione formarum, *the "beginning of form." His De Luce opens, in fact, with these words: "I hold that the first physical form, that some call corporeity, is light. Light by its very nature spreads out in all directions, in such a way that a single luminous point instantly generates a sphere of light so great as to be limitless, as long as it is not blocked by an opaque body…But I have proposed that it is light which possesses of its very nature the function of multiplying itself and diffusing itself instantaneously in all directions. Whatever performs this operation is either light or some other agent that acts in virtue of its participation in light to which this operation belongs essentially.* Corporeity, therefore, is either light itself or the agent which performs the aforementioned operation and introduces dimensions into matter in virtue of its participation in light, and acts through the power of this same light."[5]

From the moment in which light is the first physical form and every body is made of the stuff of light, Grosseteste describes the

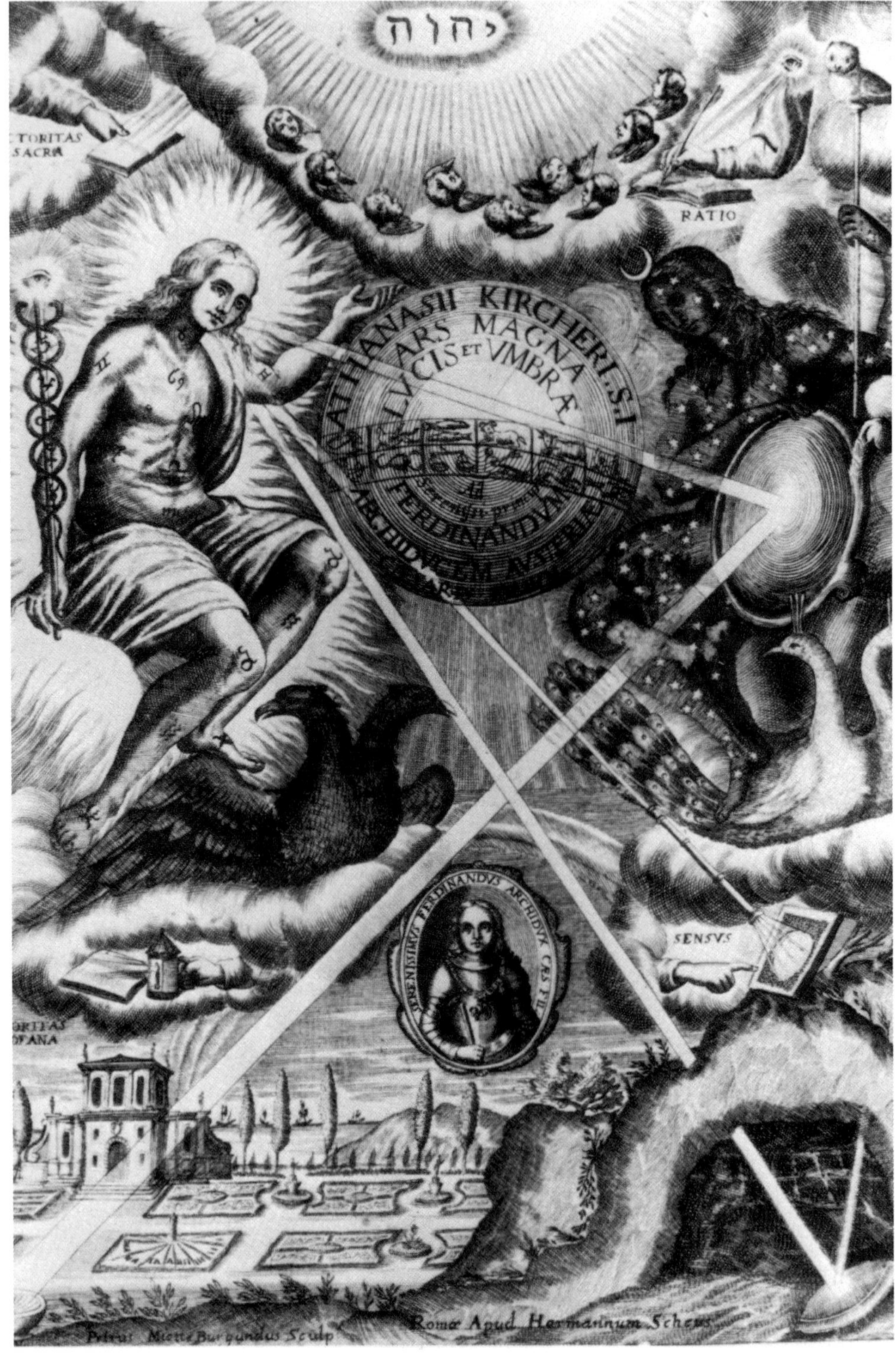

Ars Magna Lucis et Umbrae (1646)
Frontespizio per
Athanasius Kircher
Biblioteca Nazionale Centrale
V. Emanuele II, Roma

Ars Magna Lucis et Umbrae *(1646)*
Title page for Athanasius Kircher
National Library V. Emanuele II,
Rome

Ma se la luce è la corporeità originaria, ogni fenomeno naturale può essere interpretato secondo le leggi della luce. Per questo non vi è modo migliore per esplicare la struttura del cosmo se non quello dell'*ottica* e perciò della *geometria*.

Nel *De lineis, angulis et figuris seu de fractionibus et reflexionibus radiorum*,[6] Grossatesta afferma che "l'utilità di considerare le linee, gli angoli e le figure è grandissima, perché senza di essi non si può conoscere la filosofia naturale".[7]

Grossatesta è figlio della sua epoca e perciò tiene ferma la distinzione tra i corpi superiori e gli inferiori: "Non tutti i corpi – egli scrive – sono della medesima specie, sebbene siano originati dalla medesima luce".[8] Tuttavia dichiara che angoli e figure "sono validi in tutto l'universo e nelle sue singole parti. Hanno validità anche nelle proprietà delle relazioni, come nel moto retto e circolare. Valgono pure nell'agire e nel subire, sia che ciò avvenga sulla materia sia sui sensi, sia che si tratti della vista, nella misura in cui avviene, sia che si tratti degli altri sensi, nella cui azione è necessario aggiungere altri dati a quelli che costituiscono la vita".[9] Una metafisica della luce più teologica di quella di Grossatesta è difficile da immaginare; tuttavia forse proprio per questo procede a una matematizzazione della natura *ante litteram*, inaugura una fisica della luce: "Tutte le cause – scrive – degli effetti naturali sono date da linee, angoli e figure. Diversamente sarebbe impossibile conoscere il loro 'perché'".[10]

Grossatesta inaugura una fisica della luce, disegna, senza esserne del tutto consapevole, una teoria unificata della materia, o comunque tale da rendere difficile separare Dio dal mondo. Imboccata questa via, mi piacerebbe inoltrarmi nei territori della fisica. Oggi si sa che la luce, lungi dall'avere una diffusione istantanea, ha una velocità finita. La scoperta era già stata fatta tra il 1675 e il 1676, e poi definitivamente confermata nel corso dell'Ottocento. Oggi si sa anche che la luce è costituita da onde elettromagnetiche che hanno lunghezza diversa e che, a seconda della loro diversa lunghezza, cambia il colore della luce. Sono sedotto dal tema, ma lascio ai fisici il compito di percorrere questi spazi: per mio conto procedo nella già tracciata fenomenologia.

La luce che dà forma alla materia, per il semplice fatto di condurla nella visione – la dea Natura –, permette di percepire in essa una riserva illimitata di forme e perciò come la possibilità di una formatività illimitata: quella della tecnica e dell'arte. Intravedere nella materia "forme nascoste" da portare alla luce – l'ideazione quindi, o il progetto – e realizzarle – il manufatto, l'opera – configurano diversamente lo spazio e aprono nuovi spazi al vedere. Come si dice, allargano lo sguardo. L'ingegneria, la pittura, l'architettura, la scultura sono figlie della luce, senza di essa non avrebbero spazio, sarebbero semplicemente impossibili: disegnano forme nella luce, catturano la luce nelle forme. Ma vi è un altro modo attraverso cui gli uomini fanno esperienza della luce ed è la *fiamma*.

formation of the cosmos through its infinite outspreading. But if light is the original corporeity, every natural phenomenon can be interpreted according to the laws of light. This means that there is no better way of explaining the structure of the cosmos if not by optics, *and specifically* geometry.

In his De lineis, angulis et figuris seu de fractionibus et reflexionibus radiorum[6], *Grosseteste affirms that "the utility of thinking in terms of lines, angles and shapes is tremendous, because without these it is impossible to understand natural philosophy."[7]*

Grosseteste is a child of his epoch, and therefore makes a clear distinction between superior and inferior bodies: "not all bodies," he writes, " are of the same species, for all that they originated in the same light."[8] Nevertheless he declares that angles and shapes are "valid throughout the universe and in its individual parts. There is validity as well in the properties of their relationships, in their straight and circular movements, in their acting and being acted on, both in the physical and perceptual senses, and both as this perception touches on the vision to the extent that it does, and on the other senses, to which action it is necessary to add other elements to those which make up life."[9] A more theological metaphysic of light than that of Grosseteste is difficult to imagine, nevertheless it is perhaps exactly because of this that he proceeds to mathematicize nature ante litteram, introducing a physics of light: "all causes," he writes, "of natural effects are given by lines, angles and shapes. It would be impossible to understand their 'why' in any other way."[10]

Grosseteste introduces a physics of light, created without his complete understanding, a unified theory of matter, or anyway one that makes it difficult to separate God from the world. This street being taken, I would very much like to penetrate the territory of physics. Today one knows that light, far from diffusing instantly, has a finite velocity. This discovery had already been made between 1675 and 1676, and was then definitely confirmed during the 18th century. Today one knows as well that light is made of electromagnetic waves of different lengths, and as the lengths differ, the color of the light changes. The theme seduces me, but I leave to the physicists the work of exploring these spaces: for my part I proceed to the already indicated phenomenology.

Light, that gives form to matter by the simple fact of revealing it to the vision – Mother Nature – permits one to see in this a limitless reserve of forms and in that the possibility of a limitless formativity, that of technology and art. To glimpse "hidden forms" in matter is to bring to light – that is, invent or plan – and to realize them – manufacture, create – is to reshape space differently and open new visual fields. As one says, they widen the horizons of sight. Engineering, painting, architecture, sculpture are all children of light; without it they wouldn't have space, they would be simply impossible: they design forms in light; they capture light in forms. But there is another form through which men experience light and this is flame.

La fiamma

Se la luce non è Dio, certamente è divina, e gli uomini vivono solo in quanto partecipi di quella luce. La luce si materializza sulla terra nella forma del fuoco. Gli uomini sono animati dalla fiamma – lo spirito è fiamma – e nello stesso tempo sono signori del fuoco, che è l'elemento o la materia attraverso cui si mantengono in vita e la riproducono. Il fuoco lega gli uomini agli dei e li rende in qualche modo divini.

Nel mito greco la presenza o comunque la prossimità degli immortali presso i mortali è segnalata dal fuoco. In *Le opere e i giorni*, Esiodo dice che uomini e dei avevano origine comune: verosimilmente un segno di questa comune origine è dato dal fatto che gli uomini fin dall'inizio erano possessori del fuoco. Secondo il poeta contadino, infatti, Zeus, per vendicarsi dell'inganno di Prometeo, "nascose" agli uomini il fuoco: *krupse*, dice il testo. Se lo nascose è evidente che gli uomini ne erano già in possesso. Prometeo, ingannando gli dei a vantaggio degli uomini, spezza il loro legame, e il trafugamento del fuoco ne accentua la divisione: il fuoco nelle mani dell'uomo non è indice della comune origine con gli dei, ma è elemento antidivino, è presunzione, tracotanza e, paradossalmente, impotenza.

Rispetto a Esiodo, Eschilo fornisce una diversa versione del mito. Per il poeta tragico, Zeus è rappresentato come un tiranno che vuole annientare l'umanità perché non ne è l'autore (secondo il mito, infatti, è proprio Prometeo che "fabbrica" gli uomini), vuole dissolverne il ceppo e trapiantarne una nuova semenza. In questo caso, Prometeo vuole difendere la stirpe degli uomini e ruba il fuoco agli dei proprio per renderla divina. Appropriandosi del fuoco, gli uomini non solo divengono capaci di tecnica, ma accrescono la propria potenza fino a dimenticare la loro stessa natura mortale. Il possesso del fuoco, se non dà loro l'illusione di divenire immortali, li rende comunque dimentichi della morte. In fondo la vera colpa di Prometeo non è quella di avere rapito il fuoco agli dei a vantaggio degli uomini, non è quella di averli messi a riparo dalle intemperie e dalle avversità, ma di averli inconsapevolmente illusi di immortalità.

Eschilo, che pure celebra in Prometeo il liberatore, intravede nelle opere del fuoco – in quella che oggi siamo adusi chiamare tecnica – l'estremo pericolo: la dimenticanza della morte. Per questo pone sulla bocca delle Oceanine la sospettosa domanda:

Coro: Forse non sei andato troppo oltre?

Prometeo riconosce l'eccesso:

Flame

If light is not God it certainly is divine, and men live only insofar as they partake of this light. Light materializes on earth in the form of fire. Flame animates Man, – the spirit is flame – and at the same time men are the masters of fire, which is the element or matter through with they maintain and reproduce life. Fire links men to the gods and in a certain way makes them divine. In Greek myth the immortal's presence or proximity to mortals is signaled by fire. In his Works and Days, *Hesiod says that men and gods have a common origin: one likely sign of this common origin is indicated by the fact that men from the very beginning possessed fire. According to the peasant poet, in fact, Zeus, to avenge Prometheus' theft, "hid" fire from men:* krupse *the text says. If he hid it, this makes it evident that men already possessed it. Prometheus, fooling the gods to give the advantage to men broke the bond, and the purloining of fire heightened the division: fire in the hands of man doesn't indicate a common origin with the gods, but is an anti-divine characteristic: it is overweening pride and paradoxically impotence. As opposed to Hesiod, Aeschylus supplies a different version of the myth. For the tragic poet Zeus is seen as a tyrant that wants to wipe out mankind because he is not its creator – according to the myth, in fact, it is Prometheus himself that created men – he wants to eradicate the trunk and transplant in its place a new seed. In this case Prometheus wants to defend the human race and he steals fire from the gods with the express purpose of making men divine. Acquiring fire, men not only become capable of technology, but increase their power to the point where they forget their mortal nature. The possession of fire, if not giving them the illusion of becoming immortal, at least enables them to forget death. At bottom, the true crime of Prometheus is not that of having carried off fire from the gods to man's advantage, but to have unintentionally given them the illusion of immortality.*

Aeschylus, for all his celebration of Prometheus as the liberator, foresees in the works of fire – that which today we are accustomed to call technology – the extreme danger: the forgetting of death. For this he puts in the mouth of the daughters of Ocean the suspicious question:

Chorus: *Perhaps you have gone too far?*

Prometheus recognizes the excess:

Prometheus: *I erased from men's minds the thought of death.*

Georges de La Tour
Il Sogno di San Giuseppe (XVII sec.)
Particolare
Musée des Beaux-Arts, Nantes

Georges de La Tour
St. Joseph's Dream *(17th century)*
Detail
Musée des Beaux-Arts, Nantes

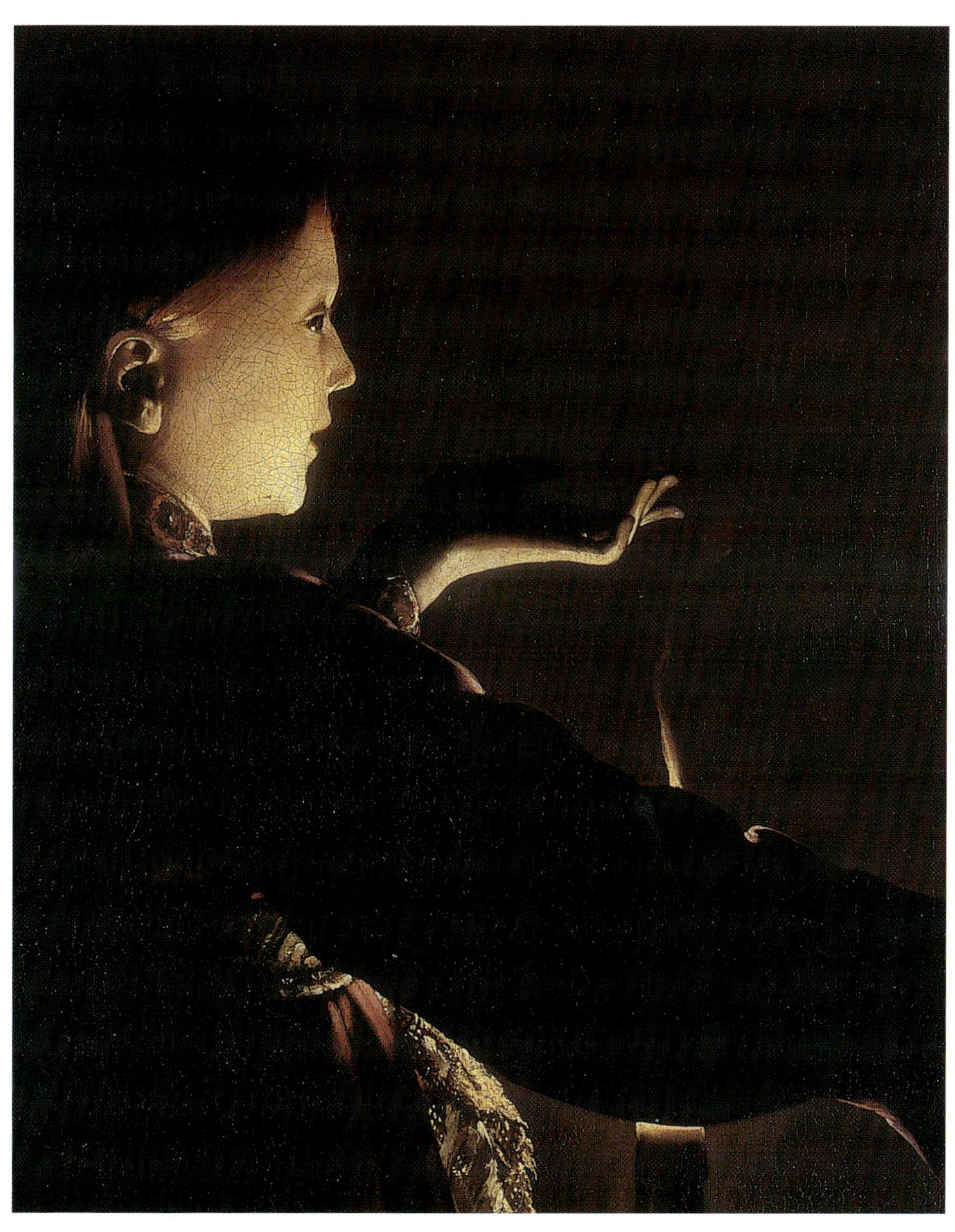

Prometeo: Spensi all'uomo la vista della morte.
Coro: Che farmaco trovasti a questo male?
Prometeo: Seminai la speranza che non vede (*tuphlas…elpidas*).

Nascosto o rubato che sia, il fuoco appartiene, comunque, agli dei. Prometeo, infatti, non lo possiede e, stando al mito, se lo procura accendendo una torcia dal divampante carro del sole: ne stacca quindi una brace, la conserva, la nasconde in una ferula e la consegna all'uomo.

Secondo Esiodo, Prometeo riprende un fuoco sottratto e nascosto; secondo Eschilo, dona agli uomini un fuoco che non avevano. In ambedue i casi il fuoco rappresenta un legame tra il cielo e la terra: la fiamma è potenza che illumina e insieme energia che produce; è soprattutto *luce catturata*.

La fiamma, se per un verso avvicina gli uomini agli dei, per altro verso imprigiona la luce: la fiamma infatti splende, quando non c'è luce illumina il buio, presuppone la notte.

La natura doppia della fiamma, il suo provenire dagli dei e il suo essere luce imprigionata, energia tecnica, ha la sua incarnazione simbolica e raffigurazione mitica in Efesto, il dio fabbro il cui nome può considerarsi una correzione di *hemerophaistos*, che significa colui che brilla durante il giorno.

Efesto, appunto, rappresenta il fuoco che splende nella notte e, non a caso, ad Atene Efesto e Atena – venerata in questo caso come dea lunare – abitavano i medesimi templi.

Nel fuoco e con il fuoco gli uomini partecipano alla vita degli dei, ma se imprigionano la luce, credendo di divenirne signori, divengono prigionieri della notte: schiavi, *ai mantici* di Efesto.

Gli uomini, al contrario, possono godere dei benefici del fuoco se lo accettano e lo interpretano come dono degli dei: in breve se, tramite la tecnica, non pretendono l'onnipotenza, ma amministrano con oculatezza la quantità di potenza di cui sono dotati, quella loro assegnata dalla natura e dalla sorte. D'altra parte, si sa, gli immortali – ammesso che esistano – non hanno bisogno di tecnica. Questa è cosa che riguarda solo i mortali e, così come li può far crescere, li può anche far perire.

La fiamma non è la luce, ma si comunica all'uomo nella fiamma. Nelle società umane quest'idea matura in uno con la domesticazione del fuoco, che non è solo materia strumentale ma è anche *fuoco rituale*, sacrificale, contrassegno dell'intelligenza. Presso i Veda, ad esempio, il fuoco è rappresentato da Agni, un dio che nasce in cielo e discende sulla terra nella forma del lampo.[11] È un Dio impetuoso dai capelli di fiamma, ha un colore dorato, un corpo d'oro, possiede la potenza spermatica creatrice: lo sperma è di natura aurea.

Anche nella Bibbia, poi, il divino ama comunicarsi agli uomini nella fiamma, si rende loro presente nella forma e nell'ausilio del fuoco, è luce bianca e luce rossa: nell'*Esodo* si legge che il Signore marciava alla testa del popolo, appena uscito dall'Egitto, di giorno con una colonna di nube, "di notte con una colonna di fuoco per far loro luce" (*Es. 13, 21*).

La simbolica della luce indica nella fiamma l'accostarsi del divi-

Chorus: *What medicine could you find for this evil?*
Prometheus: *I sowed blind hope* (tuphlas…elpidas).

Hidden or stolen as it may be, fire pertains, in any case, to the gods. Prometheus, in fact, doesn't own it and, following the myth, Prometheus procures it lighting a torch from the sun's fiery carriage: he detaches a brand from it, conserves, hides it in a hollow reed and turns it over to man.

According to Hesiod, Prometheus restores a stolen and hidden fire; according to Aeschylus he grants them a fire which wasn't his: in both cases fire represents a bond between heaven and earth: flame is power that illuminates and at the same time energy to produce: above all it is captured light.

If flame on one hand carries men closer to the gods, on the other it imprisons light: flame in fact shines when there is no light, illuminating the darkness, predicating the night.

The double nature of flame – its provenance from the gods and its being imprisoned light, technological energy – has its symbolic incarnation and its mythological representation in Hephaestos, the blacksmith god whose name can be considered a corruption of hemerophaistos, *which means he who shines during the day.*

Hephaestos actually represents fire that shines in the night, and it is no accident that Hephaestos and Athena – in this case venerated as the lunar goddess – dwelt in the same temples.

In fire and with fire, men share the lives of the gods, but if they imprison light, believing to have become its masters, they become prisoners of the night: slaves to the bellows of Hephaestos.

On the other hand, men can enjoy the benefits of fire if they accept and interpret it as a gift from the gods: in brief, if, through technology, they don't demand omnipotence, but prudently monitor with how much power they are gifted, this their allowance from nature and fate. For their part, one knows, the immortals – admitting their existence – don't need technology. This touches only mortals, and as it can aid their development, it can also destroy them.

Flame is not light, but light communicates with man through flame. In human societies this idea grew up together with the domestication of fire, which is not only an instrumental material but also ritual fire, sacrificial, proof of intelligence. In the Vedas, for example, fire is the representation of Agni, a god who was born in heaven and came down to earth in the form of lightening.[11] *An impetuous god with hair of flames, he is golden colored, his body made of gold, he possesses the creative power of the spermatozoa: sperm is by nature golden.*

Also in the Bible, the divine loves to show itself to men as flame, it presents itself in the form and with the aid of fire as white light, red light: in Exodus one reads that the Lord marched at the head of the people, just out of Egypt, by day as a column of cloud and "by night as a pillar of fire to give them light." (Ex. 13,21).

no all'umano e, in certo senso, il loro reciproco rapportarsi. Nella Pentecoste, infatti, lo spirito si diffonde sugli apostoli rinchiusi nel cenacolo in forma di fiamma: "apparvero lingue come di fuoco che si dividevano e si posarono su ciascuno di loro" (*At.* 2, 3).

L'appartenenza della fiamma alla natura della luce e la presenza della luce nella fiamma, questo singolare corrispondersi, trova una sua alta e precisa espressione nel *Cantico delle creature* (1244).

Francesco dice del sole:

Laudato sie mi' Signore, cum tucte le Tue creature,
spetialmente messor lo frate Sole,
lo qual è iorno, et allumini noi per lui.
Et ellu è bellu e radiante cum grande splendore:
de Te, Altissimo, porta significatione.

E, parallelamente, dice del fuoco:

Laudato si', mi' signore, per frate Focu,
per lo quale ennallumini la nocte:
ed ello è bello et iocundo et robustoso et forte.

Il sole è giorno, è pura trasparenza e cifra e manifestazione di Dio stesso; ma il fuoco, a sua volta come il sole, illumina (ennallumini) ed è bello. E Francesco, come nella luce del cielo coglie il tratto divino della bellezza e dello splendore, scopre nel fuoco, sia pure con diversa misura, la bellezza (è bellu) e lo splendore nella forma della *gioia*: il fuoco, infatti, è *iocundo*. Questa parola è imparentata con i termini gioia, gioire, che derivano dalla radice indoeuropea *gau-eyo*, da cui anche il greco *ganao* che significa esattamente "risplendere", "scintillare". La gioia è in effetti la dimensione *visibile* e manifesta della felicità, tanto che è d'uso comune dire che gli occhi brillano di gioia. Il fuoco è giocondo, la gioia risplende.

Il fuoco è certo luce: è luce donata e insieme catturata, nel fuoco l'uomo conserva la potenza della luce, ma anche ne dispone, la produce. Se ciò è vero, quel che l'uomo deve evitare è di trasformare il fuoco in un surrogato della luce: l'esito condurrebbe a una paura del giorno, a un perverso innamoramento della notte.

Oggi la tecnica può operare direttamente sulla luce: l'impiego delle onde elettromagnetiche è generalizzato e sempre più sofisticato. A differenza della luce eterna, che mai si accende e mai si spegne, l'uomo genera luce, l'accende e la spegne come e quando vuole, prolunga il giorno nella notte, fa della notte giorno, illumina il buio degli abissi.

Si è detto che la luce inaugura lo spazio: l'uomo oggi crea spazi attraverso la luce, spazi ideali, spazi fantastici, spazi scenici. Il raggio disegna confini, fa parete; nell'artificio, la luce tresca con il buio e dà luogo al gioco delle ombre. E se la luce piena manifesta le cose, sono proprio le ombre a manifestare la luce e a farla apparire per sé sola, a permettere di vederla disegnata sulla superficie delle cose.

La modulazione della luce fa spiccare meglio questo o quel

The symbol of light indicated by flame draws the divine close to man and, in a certain sense, reveals their similarities. At Pentecost, in fact, the spirit spread through the apostles closed in the Tabernacle in the form of a flame: "it appeared as tongues of fire that divided and rested on each of them" (Acts 2,3).

That flame belongs to the nature of light, and light to the presence of flame; this unique correspondence finds its highest and most perfect expression in the Cantico delle creature *(1244).*

Saint Francis says of the sun:

Praised be my Lord, and all His creatures
especially sir brother Sun,
which is day, and illuminates us for him.
And he is beautiful and radiant with great splendor:
of You, Most High, he bears witness.

And paralleling that, he says of fire:

Praised be my Lord, for brother Fire,
in that he illuminates the night:
and he is beautiful and joyful and robust and strong.

The sun is day, and pure transparency, sign and manifestation of God himself; but fire in its turn, like the sun, illuminates (ennallumini), and is beautiful. And Francis, as if in the light of heaven he gathers traces of divine beauty and splendor, discovers in fire, if in a different measure, the beauty (è bellu) and splendor in the form of joy: fire, in fact, is iocundo. *This word is related to the terms joy, to rejoice, that come from the Indo-European root* gau-eyo, *from which comes as well the Greek* ganao *that means precisely "to shine," "to sparkle." Joy, in effect, is the visible dimension and manifestation of happiness, so much so that it is common usage to say: his eyes shone with joy. Fire is joyful, joy shines.*

Certainly, fire is light: light given and at the same time held captive, in fire man conserves the power of light, but also the possibility to dispose of it and produce it. If, then, it is true that man has to avoid and transform fire into a surrogate for light, hesitation would lead to a fear of day and a perverse love of the night.

Today technology can have a direct impact on light: the use of electromagnetic waves is widespread and always more sophisticated. Unlike the eternal light which never turns on or off, man generates light, turns it on and off how and when he wants to prolong day into night, turn night into day, illuminate the darkness of the abyss.

It has been said that light is the starting point of space: man today creates spaces through light, ideal spaces, fantastic spaces, scenic spaces. The ray shapes borders, makes walls; with artifice, light's love affair with darkness gives shape to the shadows. And if full light reveals objects, it is exactly the shadows that reveal light, making it appear as itself by allowing it to be seen illuminating the objects' surfaces.

colore e ciò che nei tempi trascorsi il pittore faceva con la pittura oggi gli artisti possono farlo con la luce stessa, lavorandola come qualsiasi altra materia: installazioni combinazioni di luce-colore, luce-suono sono ormai quasi d'abitudine. E non mi soffermo oltre sul cinema – lo specifico estetico del XX secolo –, che è fatto essenzialmente di luce, da pellicole così sensibili da poter riprendere il buio.

Il lavoro sulla luce e con la luce crea infine ambiente: sociale, privato, estetico.

Vi sono luci fredde, come dire di servizio, che discacciano le ombre da ogni angolo, che rendono tutto visibile e insieme assolutamente piatto, luci bianche che annullano ogni colore: i neon ne furono a loro modo l'anticipazione.

Vi sono luci calde e dorate che evidenziano la materia degli oggetti – legno, ferro, oro –, che ne definiscono il perimetro, ne disegnano la forma a seconda del modo in cui cadono su di essi, come ne accarezzano il colore.

Questo gioco di sfumature esiste da sempre in natura, ma oggi questi effetti possono essere gioco d'arte, invenzione.

E poi, la luce oggi entra nel dentro e lo rovescia fuori, risolve le profondità in superfici: per comprendere questo non è necessario andare molto lontano, ma basti pensare alla vertiginosa evoluzione che va dai raggi X ai sofisticati strumenti della diagnostica contemporanea. E che dire della polarizzazione della luce, del laser?

La luce – e in questo caso propriamente le luci – creano inoltre ambiente a seconda di quel che si vuole far vedere o non far vedere, celare o evidenziare, sfumare o far emergere a tutto fondo. In un certo senso, la luce crea le cose perché ne regola l'apparizione. Infatti, di quel che non appare non sappiamo neppure che c'è. Mai come in questo caso risultano pregnanti formule logore come "portare in piena luce": se ci si pensa bene, non si tratta più di semplici accorgimenti, ma di *dimensioni d'essere*.

Vi è stata infine, da sempre, una singolare sintonia tra la tonalità degli affetti e i toni della luce.

Si può aver voglia di una luce piena che disveli ogni cosa innanzi al nostro sguardo, o di una luce orientata che ci permetta di osservare i particolari. Oppure si preferisce ritirarsi nell'ombra perché la luce non ci abbacini ma, semplicemente, ci accompagni; si può ricercare l'ombra perché il fuori non ci distragga, per portare alla luce la nostra luce di dentro, la nostra interiorità: e allora della luce ci basta il *chiarore*. Oppure amiamo lasciarci accecare dalla luce per non vedere. E allora amiamo luci che ci esonerino dalla regolarità delle percezioni, che inducano evasione, producano virtualità, ci redimano dal presente – fatto di confini – per accedere a mondi altri, a psichedeliche allucinazioni. Cerchiamo luci che abbaglino ed elettrizzino insieme, ma che, alla fine, folgorano.

Sembra paradossale come l'artificio della luce possa oscurare la ragione.

Per converso si ama e si privilegia la luce tenue, diffusa, la penombra, la lampada che fa emergere i corpi e i volti dal buio per metterli davvero in piena luce, soli, come fossero l'unica cosa

The modulation of light highlights now this color, now that one; and that which in times past the painter did with paint, today artists can do with light itself, working with it as with any other material: installations combining light and color, light and sound, are now practically the norm. And I don't dwell long on film – the specific esthetic of the 20th century – that is essentially made of light, of film so sensitive that it is able to take back darkness.

Working on light and with light in the end creates environments; social, private, esthetic. There are cold lights, work lights, so to speak, that chase the shadows from every corner, that starkly reveal and flatten everything, white lights that annul any color: in its way neon anticipated these.

There are warm, golden lights that bring out the depths in the material of objects – wood, iron, gold – that define their boundaries, shape their forms depending on the way in which they fall, seeming to caress their colors.

These subtle games always existed in nature, but today these effects can be played with by art and human invention.

And then, light today gets in and turns things inside out, brings the depths up to the surface: to understand this one doesn't have to look far, enough to think of the vertiginous evolution from X-rays to sophisticated modern diagnostic instruments. Not to mention the polarization of light, the laser.

Light – or in this case better to say lights – create as well environments depending on what it is that one wants to make seen or not see, hide or reveal, partially veil or expose completely to view. In a certain sense light creates objects because it controls their appearance and, after all, that which remains unseen we know not even what it is. Never as often as in this case do so many pregnant, oft-used sayings such as "bring to light" exist: if one thinks clearly, this doesn't signify simple devices or tricks, but dimensions of being.

In the end there is and always was a particular concordance between the shades of the affections and the hues of light.

One can desire a floodlight that unveils everything before our gaze or a directional light that allows us to observe specifics. Or one prefers to withdraw into the shadows in such a way that the light doesn't blind us, but simply accompanies us; one can seek the shadow in order not to be distracted by what remains outside, to bring to light our own inner light, our interior being, and for this a diffuse light is enough. Or, we love to let the light blind us in order that we might not see. And then we love lights that liberate us from the regularity of perception, that induce escape, that produce virtuality, that deliver us from the present – and its limits – to enter other worlds, psychedelic hallucinations. We seek lights that dazzle and electrify, but that, in the end, overwhelm us.

It seems paradoxical that like artifice, light can obscure reason.

On the contrary, one loves and benefits from diffuse light, half-light, the lamp that brings bodies and faces out of the dark to

da vedere e contemplare. Una luce che faccia uscire i volti dal buio quanto basta per vederli, ma che nel buio in qualche modo li lasci, per custodirne i segreti, perché la troppa luce non spenga quella degli sguardi.

Il gioco della luce crea certo lo spazio dell'intimità, ma anche lo spazio pubblico e civile: sono le luci della festa, segno della gioia collettiva, della felicità comune o quelle del lutto, del grande dolore condiviso. Vi sono, però, anche e purtroppo, le luci balenanti degli ordigni di guerra, il mezzogiorno della violenza nella mezzanotte della vita straziata, nel buio delle anime, nel tremore involontario dei corpi: il frutto del fuoco – e intendo dire della tecnica – per incenerire e non per creare.

Molteplice, come si vede, è l'universo della luce. L'uomo si è impadronito di essa dal tempo della domesticazione del fuoco e oggi ne lavora direttamente la materia – dall'elettromagnetismo alla fisica dei campi. E tuttavia l'uomo può incrementare l'illuminazione, ma non guardare la luce: per farlo la deve schermare, per dominarla la deve frantumare. La luce *in sé* acceca: fa vedere, ma non si fa guardare.

Le cose – scriveva Brecht – per ringraziare il sole di illuminare fanno ombra. Noi, i nostri corpi, non possiamo fare altrimenti. Per essere docili alla luce, per non opporle resistenza, dobbiamo accettare la nostra natura d'ombra poiché della luce non possiamo essere padroni, ma tutt'al più buoni ministri. Per quanto abili nel costruire, siamo pur sempre amministratori della notte. La luce non è a nostra disposizione: i giorni ci sono solo donati; ed è da sperare che siano belli e tanti.

1   Shelomoh Ibn Gabirol, *Fons Vitae*, Il Melangolo, Genova 2001, p. 312.
2   Ivi, p. 312.
3   *Ibidem*.
4   Melchthild Von Magdeburg, *La luce fluente della divinità*, Giunti, Firenze 1991.
5   Roberto Grossatesta, *Metafisica della luce*, Rusconi, Milano 1986, p. 113 (corsivo nostro).
6   Id., *Le linee, gli angoli, le figure*, in Id., *Metafisica della luce, op. cit.*, p. 125-137.
7   Ivi, p. 129. Sul ruolo di Grossatesta nell'evoluzione del pensiero scientifico cfr. A.C. Combrie, *Grossateste's Position in the history of science*, in *Robert Grosseteste, Scholar and Bishop*, Claredon Press, Oxford 1955.
8   Roberto Grossatesta, *Metafisica della luce, op. cit.*, p. 120.
9   Ivi, p. 129.
10   *Ibidem*.
11   Cfr. M. Eliade, *Storia delle credenze e delle idee religiose*, vol. I, Sansoni, Firenze 1979, p. 229-230.

set them in full light, alone, as if they were the only thing to see and contemplate. A light that reveals faces in the dark enough to see them, but somehow manages to leave the dark to hide its secrets, in such a way that too much light doesn't outshine the gaze.

Light's game is to create a space for intimacy, but also a civilian, public space: these are party lights, signs of collective joy, communal happiness or mourning, great shared sorrow. There are, then, also and unfortunately, the flashing lights of the devices of war, the high noon of violence in the midnight of tormented life, in the dark night of the soul, in the involuntary tremor of bodies: the fruits of fire – and I mean to say of technology – to incinerate, not to create.

Multiple, as is the universe of light, one sees. Man has mastered it since the domestication of fire and today works directly with it as raw material – from electromagnetics to the fields of physics. Yet although man can augment illumination, he cannot see light: to do so he must screen it, to tame it he must shatter it. Light in and of itself blinds, makes one see, but one cannot see it.

Objects – Brecht wrote – to give thanks to the sun for illuminating them – make shadow. We, our bodies, cannot do otherwise. To be obedient to light, to not resist it we must accept the shadows in our nature as we are not able to be its masters, but all the more good ministers. For even though we are able builders we are always administrators of the night. Light is not at our disposal: the days are only gifts, and it is to be hoped that they may be lovely and plentiful.

1   *Shelomoh Ibn Gabirol,* Fons Vitae, *Il Melangolo, Genova 2001, p. 312.*
2   *Ibid., p. 312.*
3   *Ibid., p. 312.*
4   *Melchthild Von Magdenburg,* La luce fluente della divinità, *Giunti, Firenze 1991.*
5   *Robert Grosseteste,* Metafisica della luce, *Rusconi, Milano 1986, p. 113 (italics ours).*
6   Le linee, gli angoli, le figure, *in* Metafisica della luce, *ibid., p. 125-137.*
7   *Ibid, p. 129. On the role of Grosseteste in the evolution of scientific thought, see A.C. Combrie,* Grosseteste's Position in the History of Science, *from* Robert Grosseteste, Scholar and Bishop, *Claredon Press, Oxford 1955.*
8   *Ibid., p. 120.*
9   *Ibid., p. 129.*
10   *Ibid., p. 129.*
11   *Cfr. M. Eliade,* Storia delle credenze e delle idee religiose, *Sansoni, Firenze 1979, vol. I, p. 229-230.*

Incrocio di correnti:
Sango, Ogun illuminano terra e cielo

I

Per gli Yoruba, gli dei sono paradigmi dell'esistenza e dei fenomeni. Il monoteismo viene dunque considerato soltanto come il tentativo di pervenire a una *summa* di tali paradigmi: al suo interno, tutte le varie e spesso stupefacenti contraddizioni del pensiero umano e i fenomeni fisici, concetti impersonati dalle molteplici divinità, aspirano all'armonizzazione, rappresentando l'ideale cui l'umanità stessa, intesa come conglomerato di contraddizioni, si sforza di pervenire. Questo può forse spiegare come mai presso gli Yoruba il concetto di Infallibilità nelle questioni dottrinali o la Rivelazione come Ultima Parola siano contraddizioni in termini. Lo stato di armonizzazione del mondo in questione è un obiettivo che non va perseguito interamente nel presente, ma che costituisce i fondamenti della ricerca umana. La Ricerca è tutto e gli dei sono i pionieri che per primi hanno posato il piede sui diversi sentieri di tale Ricerca.

Non deve sorprendere dunque che a legare gli dei ai mortali sia un rapporto di reciproco scambio, invece che di contatto gerarchico fra esseri superiori ed esseri inferiori. La visione della natura dell'esistenza è caratterizzata dalla complementarità degli stati di coscienza che confluiscono uno nell'altro, prendendo e restituendo qualcosa, ripristinando le riserve universali di vitalità da cui la mera coscienza prende forma e movimento.

Può essere d'aiuto immaginare tre sfere, non ermetiche ma fluide, simili a turbini di esalazioni gassose: una rappresenta il mondo degli Avi, un'altra il mondo dei Viventi e la terza il mondo dei Non Nati. Attorno a tutte e tre ruota il vortice transizionale di energie creative che rappresenta la dimora di dei e demiurghi. I Viventi, i Non Nati e gli Avi, passando da una sfera di esistenza a un'altra, ottengono i poteri di trasformazione all'interno di questo etere transizionale. Alcuni tuttavia in questo etere si dissolvono, in parte o del tutto, ristabilendo le energie vitali di transizione, oppure si trasformano in divinità o demiurghi. Le divinità a loro volta tornano continuamente e periodicamente a visitare il mondo dei Viventi, esattamente come fanno con quello degli Avi e dei Non Nati. Il flusso che costituisce la loro dimora è la definizione stessa di coscienza universale.

Nel corso delle loro visite, inoltre, gli dei assumono forme, fattezze e carattere. Acquisiscono precisi ruoli di supervisione sui fenomeni, arrivando in alcuni casi a identificarsi completamente con essi. Così, Oya e Osun con i fiumi, Esu con le strade secondarie e i fattori del Caso, Sopona con le Malattie, Sango

Wole Soyinka

Cross-Currents:
Sango, Ogun Illumine Earth and Sky

I

For the Yoruba, the gods are paradigms of existence and phenomena. Monotheism is thus regarded only as an attempted summation of such paradigms. Within it, all the often bewildering variety and contradictions of human thought and physical phenomena, concepts that are personified by the multiple deities, aspire to harmonization, representing the ideal to which humanity itself, as a conglomerate of contradictions, endeavors to attain. It helps to explain, perhaps why, to the Yoruba, the concept of Infallibility in doctrinal matters, or Revelation as the Last Word are contradictions in terms. The defining state of harmonization of the world is a goal that is not to be found fully in the present but forms the foundation of the human pursuit. The Quest is all, and the gods are pioneers who first set feet on the multiple paths of that Quest.

It is hardly surprising then that the relationship between the gods and mortals is one of mutual exchange, not a hierarchical contact from superior to lesser beings. The understanding of the nature of existence is one of complementarity in which states of consciousness flow into one another, taking from and giving back, replenishing the universal store of vitality from which mere consciousness takes form and motion.

It may help to imagine three spheres – not hermetic but fluid, more like whorls of gaseous emanations. One represents the world of the Ancestor, another the world of the Living and the third the world of the Unborn. Whirling around all three is the transitional vortex of creative energies that forms the habitation of gods and demiurges. The Living, the Unborn or the Ancestor, passing from one sphere of existence to the other, obtain the powers of transformation within this transitional ether. Some do however partially or fully dissipate into this ether, replenishing the vital energies of transition, or become transformed into deities or demiurges. The deities themselves return again and again on periodic visits to the world of the Living, even as they do to the world of the Ancestor and the Unborn. The flux that is their habitation is the very definition of universal consciousness.

In the process of their visitations, the gods also assume form, shape and character. They acquire distinct supervisory roles over phenomena, in some cases becoming thoroughly identified with them. Thus – Oya, Osun with rivers, Esu with the crossroads, and the factor of Chance, Sopona with Diseases, Sango with Lightning, Ogun with the Lyrical, Metallurgy and War, etc. The relationship between the last two – Sango and Ogun – is the

con il Lampo, Ogun con la Lirica, la Metallurgia e la Guerra, e
via dicendo. Quello fra gli ultimi due, Sango e Ogun, è il rapporto che riveste maggiore pertinenza ai fini della nostra esplorazione del concetto di Prometeo nella mitologia yoruba, che
tuttavia presenta drastiche differenze rispetto all'idea greca, in
quanto il dono del fuoco è un dono (o un trasferimento di sapere) dall'umanità agli dei non meno di quanto sia una concessio-
ne degli dei all'umanità. E non potrebbe essere diversamente,
tenendo conto della spiegazione appena fornita: il passaggio da
una sfera di esistenza all'altra attraverso l'etere transizionale e la
trasformazione del viaggiatore in una nuova forma di vitalità.

Ora, come nel mondo dei Viventi c'è una tensione verso il
raggiungimento di un ideale, nel regno delle divinità alberga un
forte anelito, un'aspirazione a una parte di quell'essenza, elimi-
nata o attenuata, del loro essere attualmente deificato: la parte
mortale. Tale aspirazione, il costante senso d'incompletezza, è
ciò che ha guidato il viaggio epico degli dei alla ricerca del mondo dei Viventi. La tradizione yoruba a volte propone l'episodio
in una versione differente, secondo la quale un giorno gli dei
decisero di andare a vedere come se la passavano i mortali nel
loro mondo. In un modo o nell'altro, il dato innegabile è che gli
dei *desideravano* tornare alla terra che conoscevano, *desideravano* riunirsi, sia pure fugacemente, a ciò che erano stati un tempo, *desideravano* un'incursione nella loro perduta essenza. Purtroppo, mentre si accingevano a farlo, scoprirono che la strada
era sbarrata da eoni di tempo. La via del ritorno nel regno dei
mortali era ormai impraticabile e impenetrabile. Una dopo l'altra, le divinità cercarono un passaggio; e una dopo l'altra venne-
ro ricacciate indietro. Con un'eccezione:

Giù, al riparo delle rocce, casa del Ferro,
Il sole aveva acceso un falò dentro
Il focolare della Terra. Le fiamme in accessi febbrili
Correvano nelle fenditure della roccia, e le superfici delle alture
Rosseggiavano della trasparenza terrestre
Orisa-nla, Orunmila, Esu, Ifa stavano lì tutti insieme
Sconfitti nella loro aspirazione di fraternizzare con l'uomo

Senza una parola Egli si alzò, cercò il sapere nelle colline
Ogun il solitario vide tutto quanto, le vene
Segrete della materia, e le striature circolari
Sango usò la sua esausta saetta come un martello
Le sue dita toccarono il centro della terra, e arrivò

*most pertinent to our exploration of the Promethean concept in
Yoruba mythology, but this differs drastically from the Greek
notion, since the gift of fire was as much a gift – or a transfer –
from humanity to the gods as it is a dispensation of the gods in
the direction of humanity. How could it be otherwise when we
recall the explication already given – the passage from one sphere
of existence to the other through transitional ether and the transformation of the voyager into a new form of vitality.*

*Now, just as in the world of the Living, there is a striving
towards the attainment of an ideal, so in the abode of the deities
there does exist a hunger, a craving for a portion of the discard-
ed, or attenuated essence of their present deified being – the mortal portion. This craving, the constant sense of incompletion was
what led to the epic journey of the gods in their search for the
world of the Living. Yoruba narrative sometimes puts this
episode in a different version – that the gods resolved one day to
go and see how the mortals were faring in their world. No matter how it is slanted, the undeniable factor is that the gods
desired to return to the earth they knew; desired to be reunited,
however briefly, with what they once were; desired a recapture
of their missing essence. Alas, as they attempted to set out, they
discovered that aeons of time had blocked their way. The passage
back to the habitation of mortals had become overgrown and
impenetrable. One after the other, the deities tried to find a way,
but one after another, they were beaten back. Except one:*

*Low beneath rockshields, home of the Iron One
The sun had built a fire within
Earth's hearthstone. Flames in fever fits
Ran in rock fissures, and hill surfaces
Were all aglow with earth's transparency
Orisa-nla, Orunmila, Esu, Ifa were all assembled
Defeated in their quest to fraternize with man*

*Wordlessly He rose, sought knowledge in the hills
Ogun the lone one saw it all, the secret
Veins of matter, and the circling lodes
Sango's spent thunderbolt served him a hammer-head
His fingers touched earth-core, and it yielded
To think, a mere plague of finite chaos
Stood between the gods and man*

He made a mesh of elements, from stone

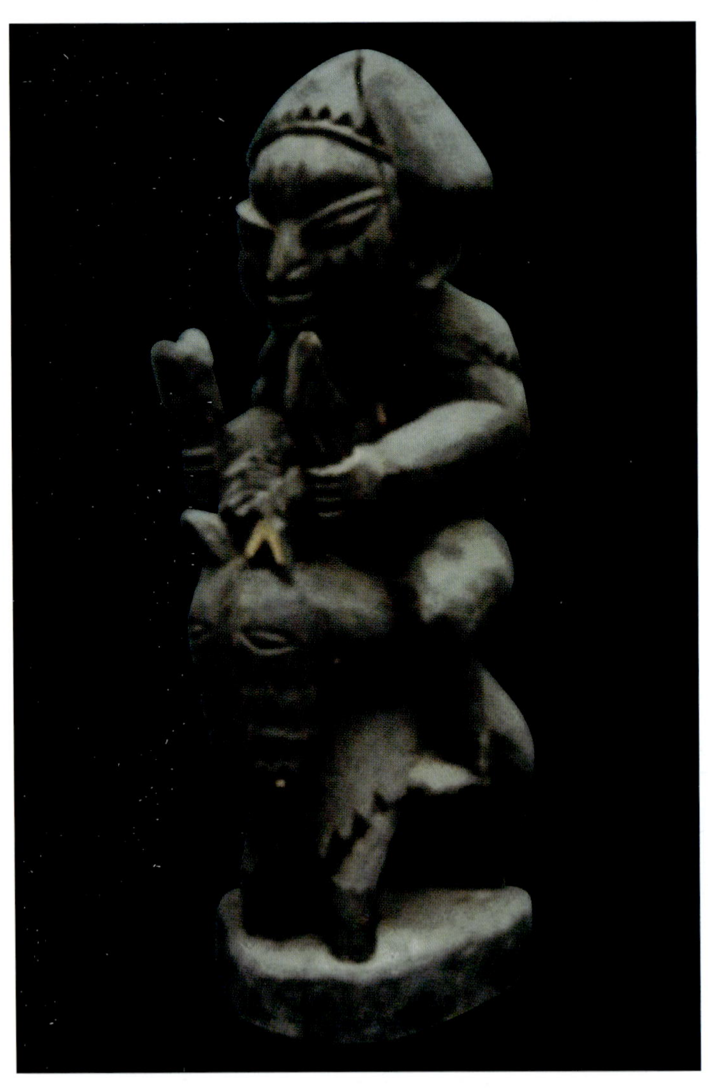

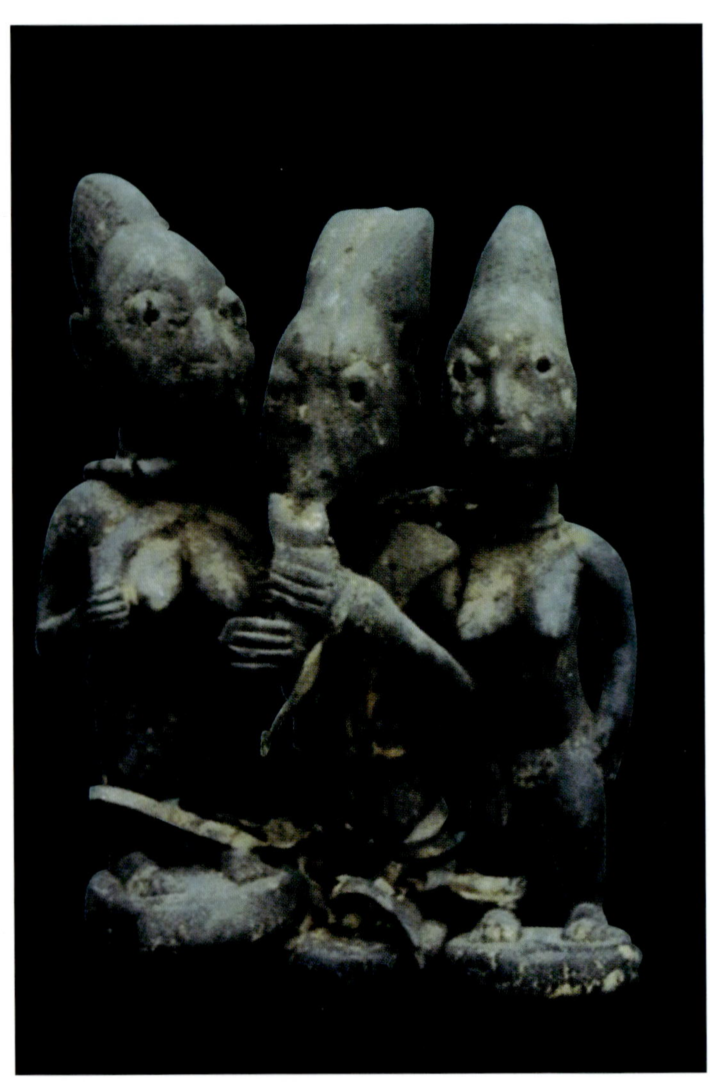

A pensare che fra gli dei e l'uomo ci fosse
Una distesa finita di caos

Mescolò gli elementi, dalla pietra
Del fuoco nel frutto della terra, utero di energie,
Dalle vette fece un'incudine, e come stampo
Modellò dell'argilla rossa. Nella sua mano brillava
L'Arma, nata da una meccanica primeva.

In effetti, Ogun era stato colui che aveva spiato il segreto del fuoco dentro il focolare della terra. Dissotterrando (letteralmente) il segreto del fuoco e del metallo, costruì una fucina e creò l'arma che annullò l'ostacolo dell'abisso nel regno di transizione, aprendo la via, così che altre divinità potessero seguirlo. Ma possiamo dire che Ogun *inventò* il fuoco? No, lo scoprì; e non nel regno delle divinità, ma come proprietà primeva nella sfera dei viventi. Il dono del fuoco permise agli dei di soddisfare il loro desiderio e, come ricompensa, Ogun acquistò l'attributo laudativo: *colui che persiste là dove gli altri dei si sono ritirati.*

II

Ora però consideriamo il mito di Sango, una divinità decisamente antropomorfa (a differenza di Ogun), che nella mitologia yoruba viene definito in maniera più ambigua. Sango era il re di Oyo, fiero, intrepido e bellicoso. I suoi attributi laudativi lo rappresentano in termini inequivocabili come il personaggio che emette fuoco.

Sovrano di un regno nella terra di Tapa, Sango alla fine si spinge troppo in là negli intrighi contro i suoi due comandanti, Timi e Gbonka, che erano anche suoi rivali. Cospira incitandoli a un combattimento mortale, sperando di sbarazzarsi di almeno uno dei due, per poi provvedere al vincitore con tutto comodo. Il vincitore però, Gbonka, è perfettamente consapevole del complotto e, una volta sconfitto e trucidato il rivale, si rivolge a Sango chiedendogli di abdicare. Con sua somma disdetta, Sango è stato abbandonato dalla corte e, infuriato, li ammazza tutti con un attacco a sorpresa. A causa di questo abominio, i capi superstiti gli ordinano di andare in esilio ma lui, pur di non sottomettersi a un'infamia simile, si impicca. O meglio, non lo fa, da cui il gioco sul suo attributo laudativo: *Oba Ko so,* il Re non si è impiccato. Ascende invece al pantheon (ossia, passa attraverso il vortice transizionale) e viene deificato. L'origine? In linea con il suo temperamento, il tuono e il lampo. Presiede il giudi-

Of fire in earthfruit, the womb of energies,
He made an anvil of the peaks, and kneaded
Red clay for his mould. In his hand the Weapon
Gleamed, born of the primal mechanic

Indeed, it was Ogun who spied the secret of fire within earth's hearthstone. Unearthing – literally – the secret of fire and metal, he built a forge and created the weapon that defeated the obstructing abyss in the realm of transition, hacked a way for the other deities to follow. Did Ogun invent *fire? No, he discovered it, and not in the realms of the deities but as a primal property within the sphere of the living. That gift of fire enabled the gods to fulfill their longing and, for his reward, Ogun acquired the praise-name: he who goes forth, where other gods have turned.*

II

But now consider the myth of Sango, a distinctly anthropomorphic deity, unlike the more ambiguously defined Ogun in Yoruba mythology. Sango was a king of Oyo, proud, fierce and warlike. His praise-names render his fire-emitting character in unambiguous terms.

Ruler over a kingdom in the land of the Tapa, Sango finally overreached himself in his intrigues against two of his warlords – Timi and Gbonka – who were also rivals. He conspired and incited them to fight to the death, hoping to rid himself of at least one, then take care of the victor at his leisure. That victor, Gbonka, was however fully aware of this ploy and, after defeating and slaying his rival, turned against Sango and demanded his abdication. To Sango's chagrin, he was abandoned by his court and, in a rage, turned round and slaughtered them. Because of this abomination, his remaining chiefs ordered his exile but, rather than submit to this disgrace, he hanged himself. Or rather, he did not, hence the play on his praise-name – Oba Ko so *– the King did not hang. No, instead he ascended the pantheon – passed through the transitional vortex – and was deified. His provenance? In keeping with his temperament – thunder and lightning. There he sits in judgement over malefactors and, when he strikes, his thunderbolt incinerates their dwellings.*

So now begins the typical Yoruba ambiguity: is Sango thereby the deity of fire? Ogun had preceded him into the pantheon, not for nothing is Sango's praise-name – aremu Ogun *– the (junior) sibling of Ogun. We know that Ogun preceded him – as he did other gods – into acquisition of the faculty of fire. He pene-*

zio sui malfattori e, quando colpisce, i fulmini inceneriscono le loro abitazioni.

E qui comincia la tipica ambiguità yoruba: dunque Sango è la divinità del fuoco? Ogun l'ha preceduto nel pantheon (non per nulla l'attributo laudativo di Sango è *aremu Ogun*, il fratello, minore, di Ogun). Sappiamo che Ogun l'ha preceduto, al pari di altri dei, nell'acquisizione della potestà del fuoco. È penetrato al centro della terra, ne ha depredato i segreti e convertito l'energia. Nel regno delle divinità, queste gerarchie di controllo fenomenico sono spesso confuse. Per fare posto all'esperienza tecnologica contemporanea, gli Yoruba si sono limitati ad assegnare a Sango la protezione dell'elettricità, mentre sono i fili metallici di Ogun a trasmettere l'impulso elettrico vero e proprio:

In questi bianchi momenti del mio dio, strappando
La luce all'oblio del giorno, l'ultimo tizzone
Risplende nella sua grande mano creatrice…

Egli afferra Sango con la sua mano a tre dita
E lo riporta giù sulla terra.

È proprio questa moderna complementarità funzionale l'essenza della visione del mondo yoruba. Poiché la mitologia comprende in sé il sapere umano, i personaggi del mito non diventano mai obsoleti: al contrario, si ritiene che la continua confluenza di scienza e mito esalti il processo di trasformazione nella società e il *continuum* storico.

Oggi, Ogun è il patrono di chiunque lavori con il metallo: camionisti, ingegneri, piloti di aerei o astronauti. La storia delle divinità yoruba prefigura, simbolicamente, ogni avventura umana. Non deve quindi sorprenderci che gli incontri con la scienza non siano risultati inibitori. Si incontra un fenomeno nuovo, benevolo, avverso o semplicemente sconcertante, e dall'armamentario di *Ifa*, il compendio yoruba di versi gnostici e di racconti sugli dei, si tira fuori un rimando, un'interpretazione.

Ora cominciamo a comprendere come mai sia perfettamente logico che le divinità yoruba siano sopravvissute nel Nuovo Mondo, dall'altra parte dell'Atlantico (a Cuba, Haiti, in Colombia e, ancora più vistosamente, in Brasile), mentre molte altre religioni e culture esportate si atrofizzavano e morivano. Imbattendosi nei santi cattolici venerati dai loro intransigenti padroni, quegli schiavi già immersi nella consapevolezza dell'universalità dei fenomeni non vi vedevano altro che canali e simboli della

trated to earth's core, rifled its secrets and converted its energy. In the abode of the deities, these hierarchies of phenomenal control are often blurred. What the Yoruba have done to accommodate contemporary technological experience is simply to accord Sango the patronage of electricity while Ogun's metallic strands transmit the electrical pulse itself:

*In these white moments of my god, plucking
Light from the day's effacement, the last ember
Glows in his large creative hand...*

*He catches Sango in his three-fingered hand
And runs him down to earth*

This modern complementarity of functions is very much the essence of Yoruba worldview. Because mythology encompasses human knowledge, the very characters of myth never become obsolete – on the contrary, the constant intersection of science and myth is held to enhance the process of transformation in society and the continuum of history:

Today, Ogun is guardian deity of all workers in metal – the truckdriver, the engineer, the air pilot or astronaut. All human adventure is prefigured – symbolically – in the history of the Yoruba deities. Thus, there is no surprise, no inhibition created from scientific encounters. Some new phenomenon, friendly, hostile or merely puzzling is encountered, and from within the armory of Ifa – the Yoruba compendium of gnostic verses and the narratives of the gods – a reference, and understanding is extracted.

We begin to understand now why it was so logical that the Yoruba deities should have survived in the New World across the Atlantic – Cuba, Haiti, Columbia, but most resonatingly, Brazil – while most other transported religions and cultures atrophied and died. Encountering the Roman Catholic saints in the worship of their intolerant masters, these slaves who were already steeped in recognition of the universality of phenomena, saw the saints as no more than channels and symbols of the spiritual quest, and repositories of the glimmerings of Ultimate Truth. They were intercessors to Supreme Godhead, bridges between the Living and the Ancestor world. If the plantation owners were hostile to any implantation of African spirituality on the soil of the Indies and the Americas, the solution was handy: co-opt the Roman Catholic deities into the service of Yoruba deities,

ricerca spirituale, depositari degli splendori della Verità Ultima. Erano intercessori presso il Dio Supremo, ponti fra il mondo dei Viventi e quello degli Avi. I proprietari delle piantagioni erano ostili a qualsiasi innesto della spiritualità africana sul terreno delle Indie e delle Americhe, ma la soluzione era lì a portata di mano: cooptare le divinità cattoliche al servizio delle divinità yoruba e quindi genuflettersi davanti a loro! Sopona divenne San Lazzaro, Ogun Sant'Antonio, Yemoya Nostra Signora delle Acque e così via. Fianco a fianco, sugli stessi altari del sincretismo, Africa ed Europa sopravvissero ai loro santi e alle loro divinità, libere dai pregiudizi del vecchio mondo e unite nella vibrante spiritualità del nuovo.

C'è tuttavia una divinità che merita una menzione speciale. Quando arrivarono nella terra dei Yoruba e dettero avvio al loro compito di conversione, i missionari si trovarono in una posizione di svantaggio perché non riuscivano a individuare l'idea del Demonio o di Satana. Si trattava di un problema serio, perché soltanto attraverso l'affermazione del concetto di Peccato si sarebbe potuto rendere consapevoli quei "selvaggi" del pericolo che correvano le loro anime. Dannazione e Salvazione: questi erano i bracci della croce a cui bisognava incatenarli, per poi orientarli verso la seconda. Per inculcare in coloro che si voleva convertire la loro condizione di peccatori, e quindi di dannati, i primi missionari cristiani avevano bisogno di un agente: il Demonio! Analizzate le diverse divinità, alla fine optarono per Esu (Exu in Brasile). Si trattava di una scelta quanto mai appropriata, dato che Esu è davvero onnipresente, essendo un messaggero delle divinità, e per di più "infido" nei rapporti. Se ne sta nelle stradine secondarie confondendo anche i più avveduti fra i mortali e gli dei. La sua natura è talmente imprevedibile che gli Yoruba non costruiscono mai i templi dedicati a lui dentro casa. Il suo posto è sulla soglia e nelle vie appartate, dove si eseguono i sacrifici per assicurarsi la sua benevolenza. Persino durante le feste in onore delle principali divinità, il primo boccone viene messo da parte per Esu e, iniziando qualsiasi cerimonia, i mortali ritengono cosa saggia implorare Esu di tenere a freno il suo temperamento burlone. Esu però è tutto fuorché cattivo.

Ecco il motivo della presenza di Esu in questo dialogo fra Sango e Ogun. Auguriamoci che il piccoletto non cortocircuiti le correnti della vita nel loro volo fra la terra e il cielo. A-se!

then genuflect before them! Sopona became St. Lazarus, Ogun, St. Anthony, Yemoja, Our Lady of the Waters, etc. Side by side, on the same altars of syncretism, Africa and Europe lived through their deities and saints, free from prejudices of the old and united in the vibrant spirituality of a new world.

One deity deserves special mention. When the missionaries arrived in the land of the Yoruba and commenced their task of conversion, they felt handicapped because they could not isolate the concept of the Devil or Satan. It must have been a serious setback since only through the establishment of the notion of Sin could these "heathens" be made aware of the peril in which their souls existed. Damnation and Salvation – these were the axes of the cross on which the heathen must first be stretched, then steered towards the latter. To impress upon the desired convertites their condition in Sin, and thus damnation, the early Christian missionaries required an agent – the Devil! They examined all the deities and opted for Esu – Exu in Brazil. This was quite convenient since Esu is the most ubiquitous, being a messenger of the deities and a "mischievous" one into the bargain. He sits at the crossroads and confuses the wisest of mortals and gods. Such is his unpredictable nature that the Yoruba never build a shrine to him within the home. His place is on the doorstep, and at the crossroads, where sacrifices are made to him to guarantee his benevolent mood. Even during festivals of the principal deities, the first morsel is set aside for Esu and, in commencing any ceremony, mortals consider it wise to implore Esu to restrain his prankish temperament. Esu, however, is anything but evil.

Hence the appearance of Esu in this dialogue between Sango and Ogun. May the little man not short-circuit the currents of life as they fly between earth and sky. A-se!

Catherine Perlès

Un fuoco freddo, morto e muto

Prometeo è vivo e proprio vivo. Prometeo è l'eroe, colui che sfida Zeus, il personaggio d'eccezione che s'impegna in continui atti di sfida e che paga sulla sua stessa carne, divorata ogni giorno da un'aquila. Prometeo, così distante e allo stesso tempo vicino a noi.

Distante perché gli dei molto tempo fa si sono rifugiati sull'Olimpo, perché la città rumorosa e brulicante che ci circonda non può affatto evocare le dolcezze dell'Arcadia. Distante soprattutto perché il fuoco, il fuoco di Prometeo, è stato davvero addomesticato dall'uomo, sottomesso e completamente sfruttato, perfino per le nostre follie omicide.

Vicino per l'ambiguità del suo status – Prometeo non è propriamente uomo, né Dio, né Titano. E come qualsiasi bastardo, Prometeo è il testimone, l'intelligenza. "Prometeo" è colui che comprende in anticipo, che preferisce l'astuzia alla forza bruta. Ma è innanzitutto il ribelle, che contesta l'autorità, che rifiuta l'ordine prestabilito.

Quando inganna Zeus, nel sacrificio del bue, agli dei dà le ossa senza carne, mentre agli uomini dà la carne grassa che li nutre. Quando inganna nuovamente Zeus (che certo non dà una gran prova d'intelligenza), restituisce agli uomini il fuoco di cui Zeus li aveva privati. Prometeo è il rifiuto dell'oscurità, di una terra dalla quale il fuoco sarebbe assente. Ma è anche il rifiuto dell'oscurantismo. Troppo spesso si dimentica che come Prometeo ci ha portato il fuoco, così ha posto anche tutte le basi della civilizzazione. Eschilo gli attribuisce, in un miscuglio singolare, niente meno che l'insegnamento del computo del tempo, dei numeri e della loro scienza, l'alfabeto, l'addomesticamento degli animali, la navigazione, la medicina, la scienza dei presagi, la metallurgia.[1]

Considerati tutti questi doni è legittimo domandarsi se Prometeo non sia il fuoco stesso, il fuoco che tutta la preistoria mostra essere stato un fattore essenziale della civilizzazione. In questo caso, lo studioso della preistoria non troverebbe niente da ridire sul mito.

Ma i doni di Prometeo costeranno cari agli uomini: non solo devono ormai lavorare la terra per nutrirsi ma, peggio ancora, ricevono in cambio la donna, Pandora, da cui sorgono tutti i mali. Ora, se quest'ultima punizione di Zeus colpisce l'immaginazione – e gli scritti – non si sottolinea mai abbastanza un altro legame, quello fra il fuoco e il lavoro, messo bene in evidenza da J.-P. Vernant.[2] Prima che Prometeo inganni Zeus con il suo pacchetto di ossa bianche avvolte di grasso, prima che Zeus si vendichi togliendo agli uomini il fuoco eterno, prima infine che Pro-

Catherine Perlès

A Dead Fire, Cold and Mute

Prometheus is alive and truly alive. Prometheus is the hero, he who challenged Zeus, the exceptional character who pledged himself to repeated challenges, and who paid in his own flesh, devoured every day by the eagle. Prometheus, now both so distant and so close to us.

Distant, because the gods long ago took shelter on Olympus, because the sweetness of Arcadia has long given way to the clamorous, seething city that surrounds us. Distant above all because fire, Prometheus' fire, has indeed been tamed by man, subdued and completely exploited, even for our most deadly follies.

Close, because of his ambiguous status – Prometheus is properly neither man nor God nor Titan. Like any other bastard, Prometheus personifies the witness, the intelligence. "Prometheus" is the one who understands beforehand, who prefers cunning to brute force. Above all, Prometheus is the rebel, the opposition to authority, and the rejection of the established order.

When deceiving Zeus, in the sacrifice of the ox, it is to the Gods that he gives the meatless bone; while to men he gives the fat meat that nourishes them. When he deceives Zeus anew (who doesn't, himself, display great intelligence in all this!), he returns to men the fire of which Zeus had deprived them. Prometheus is the rejection of obscurity, of an earth from which fire and light would be absent. But he is also the rejection of obscurantism. It is all too often forgotten that, while Prometheus brought us the fire, he brought us as well all the foundations of civilization. Aeschylus, for instance, attributes to him, in a singular medley, no less than the teaching of the computation of time, the teaching of numbers and their science, the alphabet, the domestication of animals, as well as navigation, medicine, the science of prediction, metallurgy.[1] Given all these gifts, one could legitimately ask whether Prometheus is none other than fire itself, fire which all prehistory demonstrates as an essential factor of civilization? In this respect, the specialist of prehistory would not find anything at fault in the myth.

But the gifts of Prometheus will cost men dearly: not only will they have to till the soil to nourish themselves, but, still worse, they will have in exchange the woman, Pandora, from whom comes all evil. If this last punishment of Zeus strikes the imagination – and the writings – we cannot underline enough this other relationship, between fire and work, clearly evidenced by J.-P. Vernant.[2] Before Prometheus deceived Zeus with his packet of white bones wrapped in fat, before Zeus avenged himself by tak-

meteo lo renda loro, ma nella forma mortale (quella del fuoco che si spegne), gli uomini beneficiavano spontaneamente di tutti i doni della terra madre nutrice. Da allora in poi dovranno produrre il fuoco e arare la terra, insomma dovranno lavorare. Il fuoco stesso, i bambini che Pandora darà loro, la terra da arare, tutto adesso richiede nutrimento e fatica.

Una riflessione sui tempi preistorici stenterebbe a confermare un legame qualsiasi fra la scoperta del fuoco e la creazione della donna! Invece il legame fra il fuoco e il lavoro è un elemento essenziale per capire come gli antichi si sono appropriati del fuoco. In realtà, il fatto che colpisce di più, non è tanto che il fuoco sia stato addomesticato, ma che lo sia stato così tardi. Tardi per lo meno dal punto di vista dello studioso di preistoria: solo quattro o cinquecentomila anni fa. Ed è un fatto ancora più affascinante se pensiamo che esistono degli indici molto più remoti di un uso sporadico del fuoco, forse un milione e mezzo di anni fa. In quei tempi remotissimi l'*Homo habilis* e l'*Homo erectus* temevano il fuoco di brace tanto quanto gli animali. In quanto carnivori dovevano essere attratti dal sapore della carne cotta. Perché allora non hanno usato il fuoco più regolarmente? Perché non lo hanno addomesticato? Mantenere un fuoco acceso non richiedeva nessuna competenza particolare, nessuna tecnica inaccessibile a quell'epoca. Esigeva invece un'attenzione costante, di alimentazione continua con il combustibile. Ma dato che occorreva anche il tempo per andare a caccia e nutrirsi, tenere un fuoco acceso richiedeva non solo più lavoro ma anche una ripartizione dei compiti in seno al gruppo. In questo senso il fuoco di Prometeo è costrizione al lavoro. È proprio per questo che ha fatto la sua apparizione così tardi (sempre dal punto di vista degli studiosi della preistoria!) nella storia dell'uomo.

Come sottolinea il mito, l'addomesticazione del fuoco necessitava di una percezione esatta del tempo: la possibilità di stimare la *durata* – al di là della quale il fuoco, se non alimentato, irrimediabilmente si spegne; ma anche quella della cottura degli alimenti – e la percezione di un tempo collettivo per organizzare le attività del gruppo. Non era, probabilmente, un geniale Prometeo che mancava prima all'umanità, ma le capacità cognitive e il necessario livello di organizzazione del gruppo.

Rimane, si potrebbe controbattere, che se il fuoco si fosse spento, bastava produrne altro con l'aiuto delle famose selci picchiate l'una contro l'altra, oppure delle bacchette di legno sfregate rapidamente sull'esca. Lasciamo da parte le selci, che da sole non producono il fuoco: l'accendino da selci utilizza selci

ing the eternal flame away from men, before Prometheus finally returned it to them – but in its mortal form, that which can be extinguished – men benefited from all of the spontaneous gifts, the gifts of the nourishing mother earth. From then on, they would have to make fire and to plough the earth; they would have to work. The fire itself, the children that Pandora would give them, the fields to plough, would all now require nourishment and exertion.

Looking back on prehistoric times, it is hard to confirm any link between the discovery of fire and the creation of woman! On the other hand, the link between fire and what can be defined as "work" is essential to understanding how the ancients appropriated fire. Indeed, the most striking fact in the domestication of fire is not so much that fire was actually domesticated, but that this happened so late in the history of mankind. So late, at least, from the point of view of the prehistorian: only 400,000 or 500,000 years ago. It is all the more intriguing that evidence exists of a much older, sporadic use of fire dating back to some 1,500,000 years ago. In those very remote times, Homo habilis *or* Homo erectus *would not have feared the embers of a fire any more than the animals. Like all carnivores, they would have been attracted by the taste of cooked meat. Why, then, didn't they use the fire more regularly, why didn't they domesticate it? To keep a fire alight does not require any particular skill, any special technique unknown in that epoch. However, it demands constant attention, permanent feeding with fuel. Since time was also required to go hunting and collecting in order to feed the group, keeping a fire alive necessitated not only more work, but also a distribution of the tasks within the group. In this respect, yes, the fire of Prometheus is the constriction to work. And this may be why it appears so late (always from the point of view of the prehistorian!) in the history of man. As the myth underlines, the domestication of fire may well have required a precise perception of time, the capacity to estimate duration – that beyond which the fire, if not fed, would irredeemably go out, that required for the cooking of food – the emergence of a collective time that organizes group activities. It was probably not a genial Prometheus that mankind lacked earlier, but the cognitive abilities to keep a fire going permanently and the necessary level of group organization.*

However, one could counter that if the fire went out, it was easy enough to make another, either with the help of the familiar flints struck against each other, or with wooden sticks twirled rapidly over the tinder. Let's immediately put aside the flints, which

contro acciaio, poiché quest'ultimo era sostituito, nei tempi preistorici, dalla pirite di ferro. Tuttavia, le testimonianze degli "accendini" di pirite sono recenti (solo qualche migliaio di anni) ed è probabile che l'uso di diversi tipi di legna da ardere li abbia preceduti. Probabilmente, ma non è sicuro. La realtà è che non sappiamo quando il fuoco fu prodotto intenzionalmente per la prima volta e nemmeno il modo in cui fu ottenuto. Il mito è infinitamente più loquace di quanto lo siano i resti archeologici: il legno non si conserva se non in condizioni eccezionali e devono essere stati utilizzati "accendini" a frizione, legno contro legno, nell'arco di centinaia di migliaia di anni senza che ne sia rimasta alcuna traccia nei reperti archeologici. Diversamente, questi potrebbero anche essere un'invenzione relativamente recente (i più antichi conosciuti risalgono a circa 12000 anni fa), ma nessuna traccia compare nei focolari rimasti.

Effettivamente i primi focolari, quelli che verso i quattro o cinquemila anni fa attestano che il fuoco era addomesticato (vale a dire, in senso proprio, integrato nell'universo domestico), non sono altro che macchie di cenere nerastre, tutt'al più circoscritte in una piccola vaschetta o da qualche pietra. E non ci dicono nulla su come il fuoco era prodotto e per che cosa fosse usato. Niente permette di sapere se il fuoco era prodotto volontariamente o mantenuto sempre acceso. Affermare che il fuoco generava calore e luce è una supposizione ovvia, ma nulla conferma che l'uno o l'altro effetto siano stati, a quell'epoca, espressamente ricercati. Se il fuoco fu usato per scopi tecnici, non lo sappiamo con certezza. Invece, l'associazione sistematica di tracce di focolari con ossa di animali bruciati potrebbe far pensare che la cottura degli alimenti fu la prima funzione dell'addomesticamento del fuoco. Il mito di Prometeo, come la maggior parte dei miti sull'origine del fuoco, insiste su questo fatto essenziale: la cottura degli alimenti è quello che differenzia fondamentalmente l'uomo dall'animale.[3]

Ma quando si riporta alla luce un campo di cacciatori-raccoglitori, niente somiglia di più a un osso bruciato sui ferri di un osso bruciato incidentalmente o gettato sul fuoco come combustibile. Se non è nemmeno così evidente, allora, che il fuoco serviva alla cottura, è anche un mito quello che afferma, come fece Eschilo, che il fuoco ha aperto la via all'universo delle tecniche? No certamente, a condizione di prendere in considerazione un'epoca molto estesa, quella che vide succedersi in Europa gli anteneandertaliani, i neandertaliani, e quindi l'uomo moderno. A condizione anche di non esigere troppa precisione cronologica. Perchè sappiamo che all'incirca duecentomila anni fa i neandertaliani utilizzavano il fuoco per indurire le punte delle loro lance di legno e che conoscevano le proprietà particolari di combustibili come la lignite, forse ricercata per usi tecnici ben precisi.

Sappiamo anche che l'uomo moderno, già da quarantamila anni, aveva già scoperto come modificare la tessitura interna dei suoi blocchi di selce riscaldandoli, come trasformare i colori delle ocre naturali sui focolari, come utilizzare il fuoco per lavorare l'osso, come fabbricare piccole figure di argilla cotta. Conosce-

by themselves do not produce fire: the flint "lighter" utilizes flint against steel, or, in prehistoric times, iron pyrite. However, evidence for the use of pyrite lighters is recent (only a few thousand years old), and it is likely that various types of wooden firestarters preceded them. Likely, but unproven. In truth, we do not know when fire was first intentionally produced, nor how it was produced. The myth is infinitely more loquacious than the archaeological remains discovered in excavations: wood does not preserve except under exceptional conditions, and prehistoric groups may have been using friction "lighters," wood against wood, for hundreds of thousands of years, without leaving any trace of it in the archaeological record. Conversely, these devices could have been a relatively recent invention (the oldest known date only from about 12,000 years ago), but no sign of this would show in the remaining hearths.

Indeed, the first hearths which attest that fire had been domesticated – that is to say, properly integrated into the domestic universe – 400,000 or 500,000 years ago, are nothing more than stains of blackened ashes, at most circumscribed in a little basin or by some stones. They tell us nothing about how fire was obtained and very little about what it was used for. There is no way to tell whether the fire was produced at will or simply permanently maintained. To state that fire generates heat and light is obvious, but nothing can confirm that either one or the other effect was, in that epoch, particularly sought. If fire was already used for technical purposes, we have no evidence for it. On the other hand, the systematic association of hearths with burnt animal bones may easily lead one to state that cooking food was, in effect, the first purpose of the domestication of fire. But, anew, by claiming the cooking of food in so remote an epoch, the scholar appeals in part to myth. Doesn't the myth of Prometheus, as do most myths on the origin of fire, insist on this essential fact: the cooking of food is the fundamental difference between man and the animals.[3]

But, when excavating a very old hunter-gatherers' camp, nothing resembles so closely a bone burned on the grill as a bone burned accidentally or thrown on the fire as a combustible. If the evidence is so meager, even for cooking, is it also a myth to claim, as Aeschylus did, that fire opened the way to the technological universe? No, certainly, provided that one considers a very extended period of time, one that saw the Pre-Neandertals, the Neanderthals, and then modern man succeed one another in Europe. Provided also that one doesn't demand too much chronological precision.

We know indeed that about 200,000 years ago, the Neandertals already utilized fire to harden the points of their wooden spears and that they knew the specific properties of fuels like lignite, perhaps sought for quite specific technical purposes. We also know that modern man, since 40,000 years ago, discovered how to modify the internal structure of his flint blocks by heating them, how to transform the colors of natural ochre by setting them on the hearths, how to use fire to work bone, and how to

va, senza dubbio, anche l'uso del calore e sapeva anche raddrizzare le zanne dei mammut lunghe più di due metri.

Torce e lampade col grasso gli permettevano di penetrare nelle grotte buie, santuari spesso magnifici le cui pareti ornava con ocre, manganese, ma anche con carboni di legno appositamente preparati. Più tardi, all'alba del Neolitico, i nostri antenati realizzeranno molte terraglie, spesso con cotture e decorazioni elaboratissime. Estenderanno i tipi di materiali da lavorare con il fuoco, lavoreranno il gesso e la calce, che sapranno anche modellare. Questo porterà progressivamente alla scoperta degli smalti per decorare e, finalmente alle tecniche per la lavorazione del metallo.

I diversi manufatti trovati negli scavi, talvolta per caso, forniscono dunque qualche indizio sulla progressiva domesticazione del fuoco. Ma niente di questo traspare direttamente dai focolari stessi. Per diversi che siano, non ci dicono niente della loro funzione esatta, del ruolo che hanno avuto in quelle capanne e più tardi in quelle case. Cuocere e affumicare la carne, lavorare le pelli, rammollire le ossa ed indurire il legno, proteggere o riscaldare l'abitazione: per tutte queste funzioni e tante altre ancora, i focolari ci appaiono identici. E se restano muti sulle loro funzioni tecniche, cosa possiamo dire del loro ruolo simbolico? Quale posto ricopriva il fuoco nel pensiero mitologico o religioso? Sotto quale forma, attraverso quale segno astratto ritrovarlo nell'espressione artistica, supponendo che fosse presente? Tutto questo lo ignoriamo.

L'immagine che evoca il fuoco di Prometeo è quella della fiamma zampillante, capricciosa, che insieme conforta e minaccia. Il fuoco di Prometeo è la vita, il movimento, la luce, il fuoco che condanna e consacra. Ciò che lo studioso della preistoria trova è un fuoco ostinatamente nascosto sotto la sua cappa di ceneri, che approfitta del tempo passato per celarsi nell'anonimato più assoluto. Si può immaginare il sorriso del bambino che si riscalda presso il focolare così come il timore provato davanti alla fiamma che si eleva verso gli spiriti e accompagna il sacrificio, ma è solo un sogno.

Cosa ha davvero significato l'essenza del fuoco per l'uomo preistorico ci sfugge da sempre. Infine, per lo studioso perplesso davanti alle vestigia dei suoi scavi, non è Prometeo morto da troppo tempo?

Molti anni fa Italo Calvino concludeva l'analisi di un libro che avevo scritto sul fuoco[4] con questa frase: "Insomma ho letto il libro con molto interesse, affascinato da questa prestazione di una meticolosa freddezza mentale applicata al fuoco". Ma dov'è la freddezza? Nello studioso della preistoria oppure sotto le ceneri da troppo tempo spente?

1   Cfr. J. Toutain, in Ch. Darembert, E. Saglio, *Dictionnaire des antiquités grecques et romaines*, Akademische Druck-u.Verlaganstalt, Graz, réédition 1963.
2   J.-P. Vernant, *L'Univers, les dieux, les hommes*, Editions du Seuil, Paris 1999 .
3   Come sottolinea bene C. Lévi-Strauss, in *Le Cru et le Cuit*, Plon, Paris 1964.
4   C. Perlès, *Preistoria del fuoco*, Einaudi, Torino 1982.

make little figurines of baked clay or smoke hides. He even knew, doubtless with the use of heat, how to straighten mammoth's tusks more than two-meters-long! Torches and fat-burning lamps allowed him to penetrate the dark caves, those impressive sanctuaries whose walls he ornamented with ochre pigments, with manganese, and also with charcoals prepared specifically for this purpose. Later on, at the dawn of the Neolithic, our ancestors produced large numbers of fired pots, sometimes very elaborate in their firing and decoration. They enlarged again the range of raw materials worked with fire, and prepared gypsum and lime – which they also knew how to shape. This led progressively to the discovery of faience and, finally, to the techniques of metallurgy.

Thus, the various artefacts recovered in excavations, sometimes by chance, provide some clues about the progressive mastering of fire. But very little of this is revealed by the hearths themselves. As diverse as they are, they tell us very little about their exact function, about the role that they had in those huts, tents, and later houses. To cook meat, to smoke meat, to make glue and rubber, to soften bone or harden wood, to protect or warm the living place: for all these uses and many others besides, all hearths seem identical to us. Needless to say, if they remain mute as to their technical functions, what can we say about their symbolic role? What position did fire hold in mythological and religious thought? Under what form, through what abstract symbol, do we find it again represented artistically, if it was indeed represented? Of all this we know nothing.

The image evoked by Prometheus' fire is that of a leaping flame, capricious, at the same time comforting and menacing. Prometheus' fire is life, movement, light, the fire that condemns and consecrates. That which the prehistorian finds is a fire obstinately hidden under its mantle of ashes, that takes advantage of the passage of time to conceal itself in the most complete anonymity. One can envision the smile of a child who warms himself near the hearth, as well as the dread felt in front the flame that reaches up towards the spirits and accompanies the sacrifice, but this is only a dream.

The essence of fire, what it really meant to the prehistoric groups, eludes us forever. In the end, for the scholar perplexed by the vestiges of his excavations, didn't Prometheus die too long ago?

Many years ago Italo Calvino concluded the analysis of a book that I had written about fire[4] with this phrase: "In conclusion I have read the book with great interest, fascinated by this work of a meticulous mental coldness applied to fire." But where is the coldness? In the students of prehistory or under the ashes extinguished too long ago?

1   *According to J.Toutain, in Ch. Darembert and E. Saglio,* Dictionnaire des antiquités grecques et romaines, *Akademische Druck-u. Verlaganstalt, Graz, réédition 1963.*
2   *J. -P. Vernant,* L'Univers, les dieux, les hommes, *Editions du Seuil, Paris 1999.*
3   *As Claude Lévi-Strauss underlines clearly in* Le Cru et le Cuit, *Plon, Paris 1964.*
4   *C. Perlès,* Preistoria del fuoco, *Einaudi, Torino 1982.*

Moni Ovadia

La Luce è Parola

Il Libro dei Libri, che fonda la civiltà di cui oggi in misura maggiore o minore tutti siamo figli, è un'inesauribile fonte di conoscenza che si rinnova ad ogni ascolto. Ciascuno dei grandi libri sapienziali ha, come il più celebre di essi, questa caratteristica saliente che possiamo riconoscere solo nella misura in cui siamo disposti a metterci all'ascolto delle voci di quelle fonti attraverso una costante rimessa in questione delle nostre certezze e di noi stessi, sgombrando dal campo del nostro approccio qualsiasi tentazione di potere sulla parola che ci è stata donata.

La parola è generativa. Tentare di imporre un dominio su di essa, desiderare di limitarne il potenziale, negarla agli altri significa semplicemente farla degenerare, introdurre in essa il meccanismo della metastasi che trasforma il principio vitale in proliferazione di morte. Il Libro è per definizione parola scritta, ma la creazione dell'universo è effetto del dire, sublime contraddizione anti-idolatrica che previene l'ossificazione della visione grafica e suggerisce che fin quando una parola non si offre all'ascolto non è feconda, perché è ferma e non pienamente disponibile per l'interiorità. In questa contraddizione il dire è la massima forma di responsabilità del divino e impegna anche l'uomo creato ad impronta del Santo Benedetto. *Vayomer Elokim yehì or, va yehì or*: "Dio disse luce, e luce fu". Il grafema *or* (luce) contiene la luce, ma è il fonema *or* (luce) che l'accende. La luce e la sua qualità dipendono da questa relazione ineffabile fra significato e suono, che sola può garantire la pienezza del senso.

Non altrettale fu la cura del geniale professor Einstein nell'enunciare la sua formula $e=mc^2$, risultato di una sintesi d'intuizione e mente che può produrre un bagliore intensissimo e devastante perché la formula è priva della *pietas* interiore del canto. Potremmo con un po' di umorismo ritorcere contro il grandissimo fisico due delle sue più celebri affermazioni: "Dio non gioca a dadi con la sua creatura" e "Sottile è il Signore ma non malizioso".

L'atto del dire non fonda solo la luce come fenomeno fisico, fonte di calore e di vita biologica: inaugura altresì l'inaudita voce che illumina l'uomo con la luce dell'etica e lo affida alla libertà come *conditio sine qua non* della redenzione. Quella voce ha pronunciato per noi *Dieci Parole*: parole meglio che comandamenti, scelta e consapevolezza – non sottomissione–, statuto costituzionale di un patto di pari dignità fra umano e divino.

Moni Ovadia

Light as Word

The Book of Books, that laid the foundations for the civilization of which to a greater or lesser extent we are all children, is an inexhaustible fount of understanding that renews itself with every hearing. Every one of the great books of wisdom has, like the most celebrated of these, this conspicuous characteristic that we can recognize only in the measure to which we are disposed to set ourselves to hear the voices of those sources through a constant calling back into question our certainties and ourselves, freeing the field of our approach from any temptation to power over the word that has been given us.

The word is generative. To try to impose mastery over it, to desire to limit its potential, to deny it to others simply signifies to debase it, to introduce in it the mechanism of metastasis which transforms the vital principal into a proliferation of death. The Book is by definition written word, but the creation of the universe is brought about by speech, sublime anti-idolatrous contradiction that prevents the ossification of the graphic vision and suggests that until a word offers itself to the hearing, it is not fecund because it is fixed and not fully available to interiority. In this contradiction speech is the greatest responsibility of the divine and also involves man created in the imprint of the Almighty. Vayomer Elokim yehì or, va yehì or: *"God said light, and there was light." The grapheme "or" (light) contains light, but it is the phoneme "or" (light) that ignites it. Light and its quality depend on this ineffable relation between significance and sound that is the only guarantee of its complete sense.*

Brilliant Professor Einstein was not as careful when he enunciated his formula $e=mc^2$, the result of a synthesis of intuition and mind that can produce a very intense and devastating flash but is deprived of the interior pietas *of the song. We could with a bit of humor turn against the great physicist two of his most famous affirmations: "God doesn't play dice with creation," and "The Lord is subtle but not malicious."*

The act of speech laid the foundations not only for light as a physical phenomenon, source of heat and biological life, but it inaugurated the silent voice that illuminates man with the light of ethics and entrusts him with liberty as the conditio sine qua non *of his redemption as well. That voice has announced to us* Ten Words, *words rather than commandments, choice and self-knowledge, not submission, constitutional statute of a pact of equal dignity between man and the divine.*

"Understand me: The Ten Words *are not a nice lecture about God, a beautiful, well-constructed theology. They are, first of all,*

Moni Ovadia, Gianni Carluccio
Bozzetto per *Il Nome disse Luce*
(2003)

Moni Ovadia, Gianni Carluccio
Drawing for The Name Said Light
(2003)

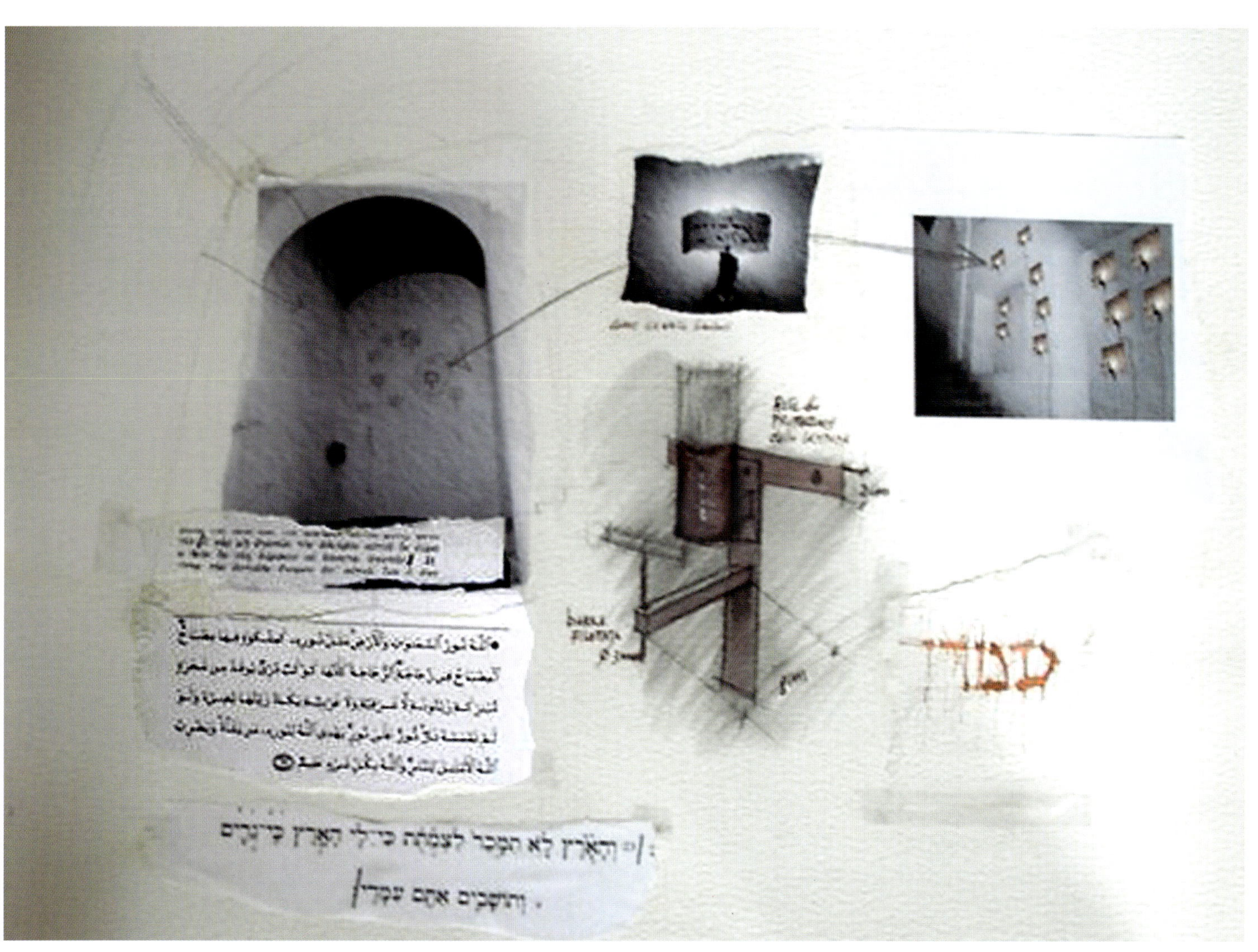

"Sia chiaro: le *Dieci Parole* non sono un bel discorso su Dio, una bella teologia ben strutturata. Sono, innanzitutto, una parola per gli uomini il cui nucleo centrale è la dicitura: 'Non ucciderai!'. Le *Dieci Parole* affermano: nessuno ha il diritto di parlare in nome di Dio e commettere una violenza. La legge donata da Dio è liberazione. Usare il Suo nome per schiavizzare un gruppo, etnico o di altro tipo, rappresenta un controsenso assoluto. L'idea di Dio è pericolosa se si trasforma in ideologia, o quando diventa un alibi per una politica".[1]

Gli *incipit* di quelle Parole sono state scolpite sulla pietra, ma l'Onnipotente non si stanca di ripetere al popolo del deserto che essi non hanno visto niente, che hanno udito solo una voce. Cosa disse quella voce? Le opinioni dei maestri sono diverse: alcuni ritengono che gli ebrei abbiano udito le *Dieci Parole*, altri sostengono che udirono solo la prima delle Diciture, qualcuno si spinge a sostenere che udirono solo la prima parola della prima Dicitura: *Anokhì* in ebraico, l'Io divino che secondo alcuni maestri del Talmud è un acrostico di quattro parole aramaiche (*ana, nafshì, ketivà, yahavit*) e il cui significato è: *Io ho donato la mia anima nella scrittura*. Ma qualche maestro è arrivato a sostenere che il popolo del deserto udì solo la *alef*, che non è essa stessa portatrice di suono, ma rappresenta l'intenzionalità locutoria, la bocca che si apre per parlare. Eppure, questa lettera apparentemente muta parla e canta come poche altre.

La lettera "a" (*alef*) è graficamente composta da tre altre lettere: due "y" (*yod*) e una "v" (*vav*).

"La somma delle due *yod* è 20, la *vav* 6: in tutto 26, cioè il valore numerico del Nome ineffabile, il Tetragramma. Il nome di Dio per gli ebrei è impronunciabile, persino il *cohen gadol*, il Grande Sacerdote, poteva farne uso solo in specifiche circostanze, come lo *Yom Kippur*. In particolare il nome di Dio a quattro lettere non viene mai letto dal fedele, che pronuncia invece, ogni volta che lo trova sul testo di preghiera, il nome *Ad-nay*. Il suono contiene l'enigma dell'unicità e dell'unità del Divino.

Le lettere dell'alfabeto ebraico descrivono già con il loro *miluy*, la grafia scritta per esteso, il messaggio inerente a ciascuna. La parola *alef*, infatti, allude all'essenza stessa della prima lettera dell'alfabeto. È composta dalle tre consonanti a=*alef* (la Divinità), l=*lamed* (insegnamento), p=*pe* (bocca), che alludono al concetto: *la Divinità insegna tramite la bocca*, cioè l'oralità".[2]

Gesù di Nazareth dice: "Amen, sì, vi dico: fintanto che la terra ed i cieli non saranno trascorsi, non una *yod*, non un

a word for men whose central nucleus is the phrase: 'Thou shalt not kill!' The Ten Words *affirm: no one has the right to speak in the name of God and thereby commit a violent act. The God-given law is liberation. To use His Name to enslave a group, ethnic or otherwise, represents an absolute contradiction. The idea of God is dangerous if it transforms itself into ideology, or when it becomes a political alibi."[1]

The incipit *of these Words were carved in stone, but the Omnipotent never tires of repeating to the people of the desert that they have not seen anything, they have heard only a voice. What did this voice say? The Talmudic scholars have different opinions, some hold that the Hebrews heard the* Ten Words, *others sustain that they heard only the first of the phrases, some go further, sustaining that they heard only the first word of the first phrase:* Anokhì *in Hebrew, the divine "I" that according to some Talmudic scholars is an acrostic of four Aramaic words:* ana, nafshì, ketivà, yahavit, *which signifies: I have given my soul in the scriptures. But some scholars go so far as to sustain that the people of the desert heard only the* alef, *which isn't itself voiced, but represents the locutory intention, the mouth that opens to speak. Nevertheless, this letter, apparently mute, speaks and sings as few others.*

The letter "a" (alef) *is graphically composed of three other letters: two "y"* (yod) *and a "v"* (vav).

"The sum of the two yod is 20, the vav is 6: in all 26, that is to say the numeric value of the ineffable Name, the Tetragrammeton. For the Hebrews, the name of God is unpronounceable, even the cohen gadol, *the High Priest, could use it only in specific circumstances, such as on Yom Kippur. In particular the four-letter name of God is never read by the faithful, who say instead, every time they find it in the text of a prayer, the name* Ad-nay. *The sound contains the enigma of the oneness and the unity of the Divine.*

The letters of the Hebrew alphabet already describe with their miluy, *the extended spelling, the inherent meaning of each one. The word* alef, *in fact, alludes to the essence itself of the first letter of the alphabet. It is made up of three consonants, a=alef (the Divinity), l=lamed (teaching), p=pe (mouth), that allude to the concept: The Divinity teaches through use of the mouth, that is to say, orally."[2]*

Jesus of Nazareth says: "Amen, yes, I say to you: so long as the earth and the heavens remain, not one yod, *not one sign of the Torah will be passed over."[3]*

segno della *Torah* non passerà che tutto non avvenga".[3]

I maestri della mistica ebraica sostengono che il Santo Benedetto creò il mondo basandosi sulle lettere dell'alfabeto ebraico come un compositore crea una composizione servendosi della tavolozza dei dodici suoni. Le lettere della lingua santa dunque preesistevano alla creazione dell'universo. Entrare in relazione con quei segni significa allora indagare i segreti della creazione stessa. Per questo le parole vengono considerate sia nella loro unità significante che nelle loro molteplici prospettive e combinazioni. La ricerca prosegue calandosi nelle lettere che compongono la parola e quindi nei grafemi che disegnano le singole lettere e nei loro fonemi, a loro volta portatori di ulteriori significati. Nella lingua di santità, in assenza di vocali, la parola è intrinsecamente polisemica. Essa conquista un senso specifico con le vocali che sono serrate nell'interiorità del suono, dentro di noi, e costituiscono un *unicum* che attinge allo scrigno più intimo della nostra personalità.

Alla voce di Dio nel deserto del Sinai, gli ebrei risposero: *Naasè venishmà*, "faremo e ascolteremo".

Non si dà autentico ascolto senza avere attivato nel pensiero e nella prassi la condizione etica per ricevere la pienezza della Parola.

Oggi nell'alluvione magmatica di espressioni verbali pletoriche ed insensate, la cui volgarità sonora ferisce l'intimità musicale della parola responsabile, è urgente tornare alle profondità del senso che ci fonda, ridando luce a ciascuna delle nostre parole e alle parole dei grandi Libri. Una luce piccola, modesta, paziente che non abbandona la ricerca e non pretende ricompensa. Quella luce proietta un'ombra sul nostro narcisismo e ci consente di illuminare il destinatario del nostro io parlante, il tu, l'altro, per rivelarne il volto nella sua preziosa, irrinunciabile unicità.

The scholars of Hebrew mysticism sustain that Almighty created the world basing it on the letters of the Hebrew alphabet, just as a composer creates a composition using the 12-tone scale. The letters of the holy tongue therefore pre-existed the creation of the universe. To enter in a relation with these signs then signifies to investigate the secrets of creation itself. For this reason words are considered both in their unified significance and in their multiple perspectives and combinations. The research proceeds, making its way into the letters that make up the word and then into the graphemes that make up the individual letters and into their phonemes wich are, in turn, carriers of ulterior significance. In the language of sanctity, in the absence of vowels, the word is intrinsically polysemous and it conquers a specific sense with the vowels that are closed in the interiority of sound, within us, and make up a unicum *that draws from the most intimate depths of our personality.*

To the voice of God in the Sinai desert, the Hebrews responded: Naasè venishmà, *"we will do so and we will listen."*

One can't give authentic hearing without having activated in thought and in practice the ethical condition to receive the fullness of the Word.

Today in the magmatic flood of plethoric verbal expressions and sensless vulgarity that wounds the musical intimacy of the word responsible, it is urgent that we turn to the profundity of the fundamental sense of words, returning to the light of each of them in the great Books. A small, modest, patient light which never abandons the path of research and asks for no reward. That light casts a shadow on our narcissism and allows us to illuminate the one our spoken "I" is addressing – the "you," the other – in order to reveal its face in its precious, unrenounceable oneness.

1   Marc-Alain Ouaknin, *Le Dieci Parole*, Edizioni Paoline.
2   Daniela Saghi Abravanel, *Il segreto dell'alfabeto ebraico*, Ed. Mamash.
3   Matteo 5,18.

1   *Marc-Alain Ouaknin,* The Ten Words, *Edizioni Paoline.*
2   *Daniela Saghi Abravanel,* The secret of the Hebrew alphabet, *Ed. Mamash.*
3   Matthew 5,18.

Dario Del Corno

Cinque stazioni sulla luce

In questi episodi l'unico dato reale sono
le cinque opere d'arte che ne costituiscono
l'occasione. Tutto il resto è immaginario,
con alcuni adattamenti a fatti della storia.

1. La luce dell'interiore

> *Nel quadro* Il pentimento di San Pietro, *in alto a
> destra, presso la firma dell'autore, figura la data 1645.
> Nel 1648 si concluderà la guerra, detta "dei
> Trent'Anni", fra cattolici e riformati.*

Il vecchio è seduto: solo, nel buio della notte. Sta così da molte ore, senza curarsi del freddo che invade la stanza. Gli pare che quelle tenebre, quel gelo siano la morte stessa che sente dentro di sé. È stato in chiesa, la sera, a cercare conforto contro la desolazione che occupa ogni suo pensiero; ma è venuto via ancora più disperato. Lungo la strada non ha incontrato che i segni dello sfacelo che devasta la sua vita, il suo paese, il mondo intero. Case deserte, altre da cui usciva il gemito di persone morenti; sulla via c'erano soltanto corpi senza vita e rade ombre che cercavano in mezzo ai rifiuti qualcosa da mangiare. La peste, la fame: è passata la guerra e la bella Lorena si è ridotta a un inferno. Eserciti intenti a sterminarsi, che hanno portato dovunque miseria, sofferenza, morte: l'unica legge è l'odio – nel nome di un Dio che dovrebbe essere uno per tutti. Cattolici e riformati si scannano per imporre la supremazia della propria chiesa; Colui che aveva predicato concordia e pace è diventato l'insegna della strage.

Perché Dio permette tutto questo? O forse le parole dei preti, la fede in cui è cresciuto, lo stesso Vangelo non sono altro che promesse senza senso: l'inganno più crudele di una forza che vuole il male degli uomini ed è ormai prossima al suo ultimo scopo, il nulla della vita? Per tutta la notte il vecchio ha combattuto la sua battaglia personale: in difesa di tutto ciò in cui aveva creduto, nella speranza che dovesse alfine venire un premio per tutti i dolori, per il fatto stesso di essere vissuti. Ma ora il sospetto che ad attendere gli uomini non ci sia che il nulla si è impadronito della sua mente; quel terrore vuoto riempie di lacrime i suoi occhi, lega le sue mani in una stretta convulsa. Non osa alzarsi da quella sedia, perché capisce che sarebbe la sua resa di fronte al male: resiste con le sue ultime forze al buio e al gelo, perché in quella lotta del suo corpo sta l'ultima difesa della sua volontà. Se cede, non gli resterà che rinunciare a un Dio incapace di restituire un barlume di bene alle sue creature, attendere una morte disperata – o prevenirla con il più nefando degli atti.

In quel momento il vecchio sente cantare il suo gallo. Finora ha resistito all'impulso di usarlo contro la fame, come se gli fosse grato del piacere di contemplare quelle penne smaglian-

---

Dario Del Corno

Five Stations on Light

*In these episodes the only real elements
are the five masterpieces that are the source
of the argument. All the rest is imaginary,
with some adjustment made to historical facts.*

1. Interior Light

> In the painting *St. Peter's Repentance*, high to the right
> near the painter's signature, is the date 1645.
> In 1648 the war between Catholics and reformists
> called "The 30 Years War" would end.

The old man is seated: alone, in night's darkness. He has been there for many hours, taking no notice of the cold that fills the room. It seems to him that those shadows, that cold, are the death that he feels inside himself. He was in church that evening, seeking comfort against the desolation that fills his thoughts; but he left feeling even more desperate. In the street he encountered nothing but signs of the ruin that is devastating his life, his country, the whole world. Empty houses, others from which emerge the whimpers of the dying; in the road there were only lifeless corpses, and the occasional shadow seeking through the garbage for something to eat. Plague, famine: the war had passed over, and beautiful Lorena was reduced to an inferno. Troops intent on exterminating each other had carried everywhere misery, suffering, death: the only law was hatred – in the name of a God that was meant to be universal. Catholics and reformers cut one another's throats to impose their own church's supremacy; and He who preached harmony and peace had become the insignia for the massacre.

Why does God allow this? Or maybe the priest's words, the faith in which he was raised, the Gospel itself are nothing other than empty promises: the cruelest deception of a force that wants evil for men, and is now close to its final target, the annihilation of life? All night long the old man has fought his personal battle: in defense of all that he had believed, in the hope that in the end there would have to be some reward for all the sorrows, for the very fact of having lived. But now the suspicion that what awaits man is nothing but the void had taken over his mind; that empty terror filled his eyes with tears, knotted his hands convulsively together. He doesn't dare rise from his seat, because he understands that would be surrendering before evil: he resists the darkness and cold with his last strength, because in his body's struggle is his will's last defense. If he gives in, there will be nothing left but to renounce a God incapable of giving a glimmer of good to his creatures, to await a desperate death – or to anticipate it with the most vile of acts.

In this moment the old man hears the rooster crow. Until now he has resisted the impulse to use it to ward off hunger, as if he was grateful for the pleasure of contemplating those shining

George de La Tour
Il pentimento di San Pietro (1645)
The Cleveland Museum of Art

George de La Tour
St. Peter's Repentance *(1645)*
The Cleveland Museum of Art

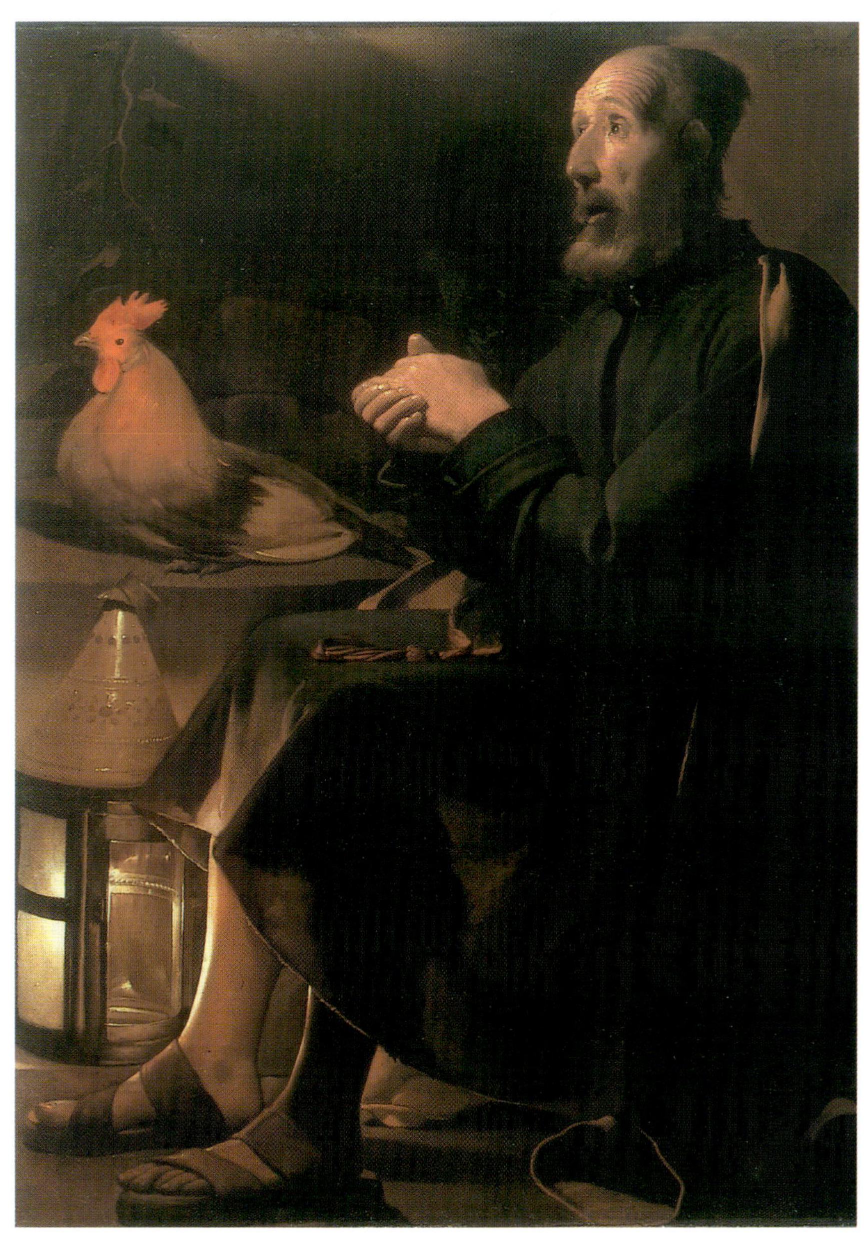

George de La Tour
Il pentimento di San Pietro (1645)
The Cleveland Museum of Art

George de La Tour
St. Peter's Repentance *(1645)*
The Cleveland Museum of Art

ti, che nelle creature sono il modello dei colori di cui è materiata la sua arte. Ma un'altra memoria gli folgora la mente: tra quelle storie che lo avevano illuso c'era un altro gallo che cantò all'alba, per salvare dalla disperazione il primo uomo che credette nel Figlio di Dio e poi lo vide patire per la misteriosa volontà del Padre. Grazie a quel canto Pietro aveva trovato la forza di vincere il dubbio; il vecchio pensa che, forse, era stata una misteriosa premonizione a fermare la sua mano protesa verso il collo del gallo. Dalla finestra entra la fragile luce dell'alba.

Il vecchio pittore si alza dalla sedia: ora sa di poter vincere quella battaglia che un attimo prima gli era parsa definitivamente perduta. Deve smettere di arrovellarsi nella disperazione della mente; la salvezza sta nelle sue mani, nel mestiere che è sempre stato la sua personale certezza. Accende una lanterna, rendendosi conto che quella luce è il primo segno della sua decisione; poi prende gli attrezzi della sua arte e comincia febbrilmente ad abbozzare la scena che tante volte ha letto nei libri sacri. Pietro è solo, seduto nella malinconia di quel pensiero pieno di tenebra: piange, si torce le mani. Ed ecco, un bagliore di luce sta entrando nel suo cuore e nella sua mente; e il primo raggio dell'aurora gli batte la fronte. Il pittore presta al santo le proprie fattezze, perché vuole immedesimarsi in lui: il quadro dev'essere la testimonianza dello sgomento che piegò entrambi e della redenzione che ora spera anche per se stesso, come toccò a Pietro. Ma per l'uomo che attende di essere salvato il quadro deve essere anche una preghiera, rivolta dal basso della condizione umana a chi sta nell'alto dei cieli. Allora il pittore inventa un'altra fonte di luce, poggiata sulla terra: e ai piedi del santo rappresenta quella lanterna che ora gli appare come l'illuminazione che dal fondo della sua tenebra, inconsapevolmente, poco prima chiedeva a Dio.

È giorno, ormai. Georges de La Tour contempla il progetto del quadro e sente che manca ancora qualcosa all'equilibrio degli spazi. Ma poi si accorge che quest'insoddisfazione ha una causa più profonda. Va a prendere il suo gallo, che lo ha salvato; e lo colloca a fianco del santo, in modo che anche a lui tocchi un raggio di luce.

feathers, that in creatures is the model of the colors of which his art is made. But another memory strikes his mind: among those stories which have deluded him, there was another rooster that crowed at dawn, to save from desperation the first man who believed in the Son of God, who then saw Him suffer for the Father's mysterious will. Thanks to this song, Peter had found the strength to overcome his doubt; and the old man thinks that, maybe, it was a mysterious premonition that stopped his hand stretched towards the rooster's neck. Through the window dawn's fragile light enters.

The old painter gets up from the chair: now he knows how he can win the battle that a moment before seemed to him definitively lost. He has to stop upsetting himself in his mind's desperation; salvation is in his hands, in the calling that has always been his personal certainty. He lights a lantern, realizing that that light is the first sign of his decision; then he takes up the tools of his art, and begins feverishly to sketch the scene he has seen so often in holy books. Peter is alone, seated in the melancholy of that shadowy thought: he weeps, twisting his hands. And suddenly, a flash of light enters his heart and mind; the first ray of dawn falls on his forehead. The painter loans the saint his own features, as a means of identifying himself with him: the painting is meant to bear witness to the dismay that weighs on both, and the redemption that he hopes to find, as was granted to Peter. But for the man who waits to be saved, the painting must also be a prayer, directed from the depths of the human condition to He who dwells on high. Now the painter creates another source of light, set on the ground; and at the feet of the saint he depicts the lantern that now appears to him as the illumination that from the depths of shadow, unconsciously, a little while ago he asked of God.

Now it is day. Georges de La Tour contemplates the design of his painting, and feels that there is still something missing in the balance of the spaces. But then he realizes that this dissatisfaction has a deeper cause. He goes to get his rooster, which saved him; and he sets it at the side of the saint, in such a way that a ray of light touches it as well.

2. Il teatro della luce

Nel luglio dell'anno 1600, sulle pareti laterali della Cappella Contarelli nella chiesa di San Luigi dei Francesi in Roma vengono collocate le due tele dipinte da Michelangelo Merisi da Caravaggio, che rappresentano La Vocazione *e* Il Martirio di San Matteo. *Nella folla di amatori e di curiosi richiamati dall'occasione, davanti al quadro del Martirio si trovano a conversare un "ingegnere di scene" (oggi si direbbe, a un dipresso, scenografo o regista) e un musicista, rispettivamente contrassegnati con le sigle A e B.*

A: Quanta gente! Si è molto parlato di questa nuova maniera di far pittura e hanno voluto essere i primi ad ammirarla. Ma adesso sono sconcertati: è una rivoluzione e non sanno cosa pensare. Anch'io cerco di darmi una ragione di ciò che sento e che mi turba.

B: In questo dipinto a me pare di vedere un eccesso di realtà e un eccesso di artificio: sono due cose che attirano e al tempo stesso respingono. Il pittore conosce bene il suo mestiere, non c'è dubbio; ma qui c'è dell'altro, come un urlo di cui non si comprendono le parole.

A: È vero: quel ragazzo che fugge sulla destra non grida soltanto il suo orrore, ma sembra proclamare che è soprattutto chi guarda il quadro a dover provare raccapriccio. C'è una violenza, quasi una brutalità che rompe con tutto il passato: è un assassinio da banditi, come ne succedono ogni giorno – tanto che, per rendere chiaro che si tratta del martirio di un santo, il pittore fa scendere un angelo dal cielo, in un raggio di luce.

B: A questo mi riferivo, parlando di artificio: l'angelo inserito in una situazione che vuole rappresentare un fatto della realtà. E anche nelle figure di contorno c'è una rottura della verosimiglianza. Quelli che osservano da vicino l'uccisione esprimono pietà e terrore, ma le due coppie di personaggi che stanno dietro a sinistra, vestiti alla moda di oggi, guardano la scena come spettatori: si dice che l'uomo con la barba sia il ritratto dell'autore stesso.

A: Come se il pittore assistesse alla messa in scena della propria opera! Ecco, forse mi hai messo sulla strada di ciò che

2. *The Theater of Light*

In July 1600, on the sidewalls of the Contarelli Chapel in the church of St. Louis of France in Rome, were placed the two painted canvases of Michelangelo Merisi da Caravaggio, which depict *The Vocation* and *The Martyrdom of St. Matthew*. In the crowd of admirers and curious gathered for the occasion, in front of the painting of the Martyrdom, a "stage engineer" (who would today be called, roughly, director-designer) and a musician are found in conversation, represented respectively by the symbols A and B.

A: *What a crowd! There's a lot of talk about this new way of painting, and they wanted to be the first to admire it. But now they're taken aback: it's a revolution, and they don't know what to think – and I'm also trying to understand what I'm feeling, what's disturbing me.*

B: *In this painting it seems to me that I see too much reality, and too much artifice: they're two things that attract, and at the same time repel. The painter really knows his craft, no doubt of that; but there's something else here, a sort of cry in which one can't make out the words.*

A: *It's true: that boy running away on the right isn't only shouting his own horror; he seems to be proclaiming that above all it is he who looks at the painting who must feel horrified. There's a violence, almost a brutality that makes a complete break with the past: it's an assassination by bandits, just like what happens today – so much so that, to make it clear that we're dealing with the martyrdom of a saint, the painter has to send down an angel from heaven, in a ray of light.*

B: *That's what I meant when I spoke of artifice: the angel introduced into a situation that intends to depict something real. And also in the surrounding figures there is something highly improbable. Those that observe the killing from up close express piety and terror, but the two pairs of people in back to the left, in modern dress, are watching the scene like spectators – and it's said that the man with the beard is a self-portrait of the artist.*

A: *As if the painter witnessed the creation of his own work! There, maybe you've pointed out to me the path to what I*

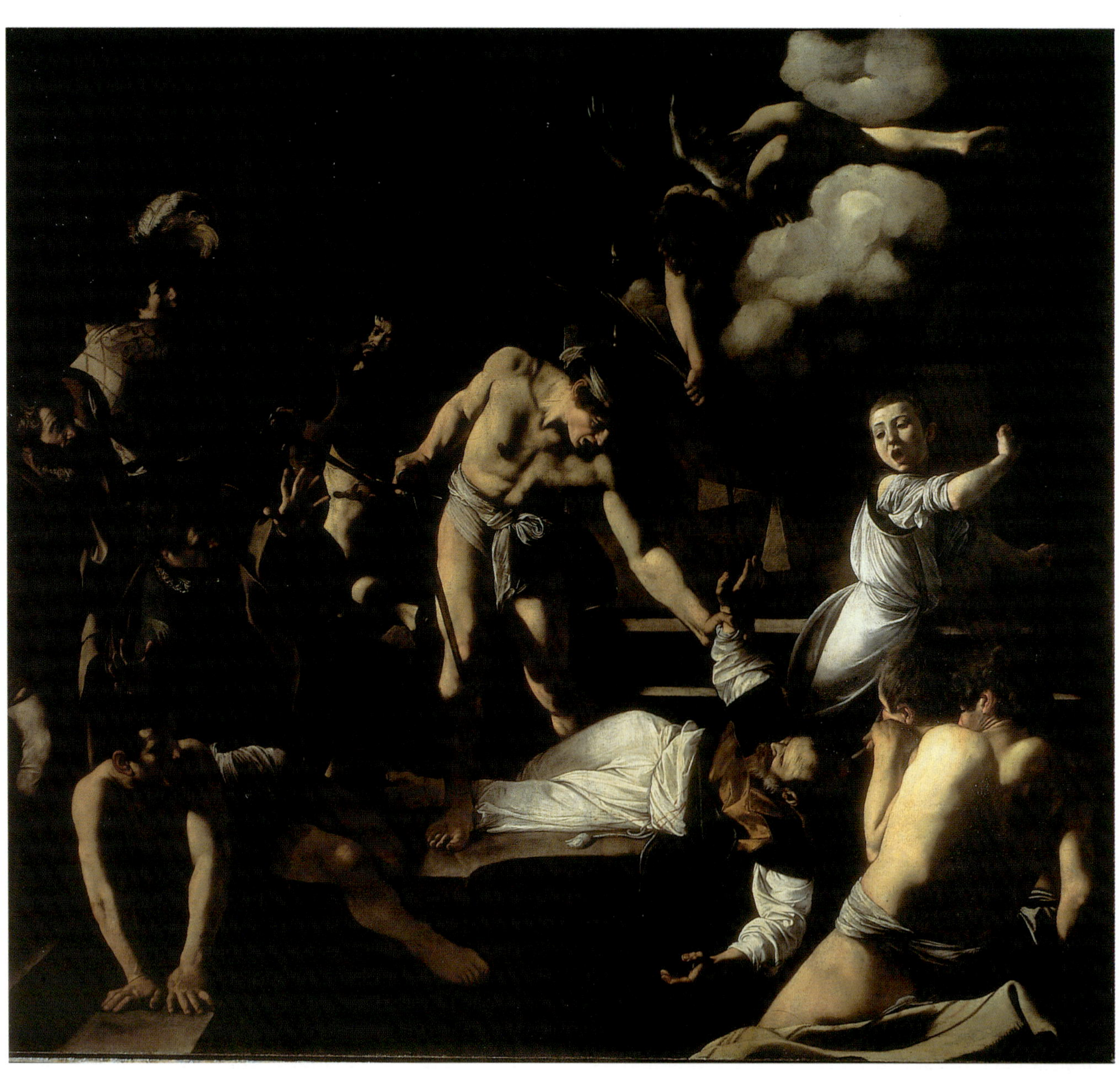

Michelangelo Merisi da Caravaggio
Il Martirio di San Matteo
(1599-1600)
Chiesa di San Luigi dei Francesi,
Roma

Michelangelo Merisi da Caravaggio
The Martyrdom of St. Matthew
(1599-1600)
Church of San Luigi dei Francesi,
Rome

vorrei capire. Degli spettatori, come a teatro: ma questo quadro non è teatro esso stesso?

B: I paradossi ti sono sempre piaciuti. Il teatro rappresenta un'azione articolata e dinamica, nel quadro si raffigura un'immagine unica e immobile dove si concentra il senso di tutta una storia. Come vuoi conciliare questi opposti?

A: Tu l'hai detto. Nell'"adesso" di questa scena sono inclusi un "prima" e un "dopo", come in una curva ascendente e poi discendente; è il momento culminante di un'azione che si sta svolgendo nella continuità del tempo.

B: Avviene sempre così, nella pittura.

A: Non in questa maniera. No, ti dico: questo giovanotto si avventa nel nostro territorio e con i suoi colori fa anche lui del teatro – come lo facciamo noi, io con le mie scenografie e la recitazione degli attori e tu con la tua musica.

B: Belle parole. Ma vorrei capire meglio.

A: È riuscito a rendere l'immagine di qualcosa che un attimo fa si preparava e tra un istante sarà accaduto: come succede in ogni momento di un dramma.

B: Vuoi dire che ha scoperto l'efficacia del movimento delle figure; ma non è una novità.

A: Non solo: ha fatto una scoperta più importante. Si è servito della luce per rendere evidente questo movimento. Fra un attimo la luce sulla scena non sarà più la stessa: i personaggi si saranno mossi, ciò che era illuminato cadrà nel buio e viceversa. Quella mano alzata dell'uomo a sinistra, per esempio, o il ragazzo che scappa: è la luce che li ferma nella visione di un istante. Anche il nostro teatro è una serie di emozioni istantanee, dove non si può tornare indietro né correre avanti. Per suscitare l'emozione di quest'attimo fuggente noi abbiamo le parole e i suoni: lui ha la luce e la usa per fare teatro.

B: Proprio tu dici questo: tu che sei lodato anche per l'abilità con cui sfrutti nei tuoi spettacoli gli effetti dell'illuminazione?

wanted to understand. There are spectators, as at the theater: but this painting, isn't it theater in and of itself?

B: *You've always liked paradoxes. Theatre exhibits flowing, dynamic action, the painting portrays a singular, immobile image in which the whole sense of the story is concentrated. How do you manage to reconcile these opposites?*

A: *You've already said it. In the "now" of this scene, a "before" and an "after" are included, as with a curve that ascends and descends; it's the culminating moment of an action that is happening continuously in time.*

B: *This is what always happens in paintings.*

A: *Not like this. No, I'm telling you: this young man is flinging himself into our territory, and with color he too makes theater – just like we do, I with my scenery and my actors' performances, you with your music.*

B: *Fine words – but I'd like to understand more.*

A: *He's succeeded in depicting the image of something that a moment ago was being readied, and within an instant will have passed: as happens in every moment of a drama.*

B: *You mean to say that he's discovered the effectiveness of movements of figures: but this is nothing new.*

A: *Not only that: he's made a more important discovery. He's used the light to make these movements evident. In a moment the light on the scene won't be the same anymore: the characters will have moved; that which was illuminated before will fall into shadow, and vice versa. That raised hand of the man on the left, for example, of the boy who's running away: it's the light that freezes them in a moment's sight. Our theater, too, is a series of rapidly changing emotions, in which one can neither turn back nor run ahead. To provoke the feeling of this fleeting moment we have words and sound: he has light – and he uses it to make theater.*

B: *You yourself say this: you, who are praised also for the ability with which you utilize light effects in your shows.*

A: Poca cosa, al confronto. Candele e lampade danno una luce diffusa, immobile: tutt'al più si possono montare su aste girevoli, per creare zone di penombra. Ma il nostro pittore ha inventato dei raggi potenti, che squarciano il buio cadendo sui corpi e altrove addensano la tenebra; un momento, e poi tutto sarà diverso: e quest'attimo è irripetibile, proprio come ogni attimo di un dramma. Chissà se arriveremo mai in teatro a usare fasci di luce come questi: talvolta, progettando uno spettacolo, mi capita di immaginare qualcosa del genere – ma devo accontentarmi dei miei poveri trucchi. Forse, è proprio questa rivelazione che mi emoziona tanto: una teatralità fatta di luce.

A: *It's a small thing, in comparison. Candles and lamps give a diffuse light, fixed: all that one can then mount on turning wheels, to make zones of shadow. But our painter has created powerful rays that cut through the darkness to fall on the bodies, and elsewhere he thickens the dark; a moment, and then everything will change – and this moment is unrepeatable, exactly like each moment of a play. Who knows if the day will ever come when in the theater we'll be able to use beams of light like these: sometimes, planning a show, it happens that I imagine something of the sort – but I have to be content with my poor tricks. Maybe, it's exactly this revelation that moves me so much: a theater made of light.*

3. La luce della materia

Da una lettera che un pittore fiammingo, intorno all'anno 1470, scrive da Firenze a un suo compatriota e collega d'arte.

"...Ma descriverti tutte le meraviglie che ho visto in questa città sarebbe troppo lungo. Preferisco invece fermarmi su un capolavoro che mi è parso esprimere nella maniera più originale una nuova visione dell'arte: può darsi che quest'opinione si colleghi a certe nostre discussioni sul rapporto fra l'immagine dipinta e quella scolpita. Anche in questo caso l'occasione fu un discorso che in un gruppo di colleghi – mi hanno accolto tutti con grande grazia, sforzandosi di farmi comprendere le loro conversazioni, nonostante la mia povera conoscenza della lingua italiana – si teneva intorno alle qualità e ai caratteri propri a ciascuna delle due arti: poiché qui la scultura si pratica con ben altro impegno che da noi, e i risultati sono altrettanto mirabili di quelli ottenuti dai pittori. Un problema centrale di questa controversia era la diversa natura della luce. Noi pittori lavoriamo sulla luce per così dire dall'interno del quadro, impostando a nostra scelta le fonti d'illuminazione e graduandone gli effetti a seconda del progetto compositivo; mentre gli scultori si impossessano della luce naturale per comporre la propria opera, calcolando su questo fattore esterno gli atteggiamenti delle figure che intendono creare.

Io prima tacevo, consapevole dei limiti della mia competenza in fatto di scultura; ma quando si venne a parlare della luce, mi sentii in grado di esporre qualche ragionamento sulla maniera fiamminga di creare l'illuminazione dell'immagine, dissimulando quanto più sia possibile le fonti di luce, in modo da produrre l'impressione che sia il quadro stesso a emanare quella luminosità diffusa e preziosa che contraddistingue la nostra pittura. Fu allora che uno dei colleghi fiorentini mi chiese se avessi visto una nuova opera, che dava una risposta geniale alle nostre discussioni. Poiché non la conoscevo, il giorno seguente mi accompagnò nella visita.

Si tratta dei rilievi in bronzo per due pulpiti nella chiesa di San Lorenzo, che il più illustre degli scultori fiorentini, Donatello, eseguì poco prima di morire qualche anno fa. Che emozione incomparabile, amico mio! È una sorta di Via Crucis, tanto nei temi quanto nella sfera dei sentimenti: la *adsuefactio mortis* di un artista che ragiona sulla condizione umana e interpreta Gesù come il testimone, vorrei dire il compagno, di un'infinita passione e stanchezza di vivere. Ma di questo prefe-

3. The Light of Matter

From a Flemish painter's letter, around the year 1470, sent to Florence to one of his fellow countrymen and colleagues in art.

"…But to describe to you all the marvels that I have seen in this city would take too long. I prefer instead to pause at a masterpiece that seems to me to express in the most original manner a new vision of art: and perhaps this opinion will reflect certain of our prior discussions about the rapport between the painted and the sculpted image. Also in this case, the occasion was a conversation with a group of colleagues – they welcomed me with great kindness, taking great pains to see that I was able to follow their conversation, regardless of my poor understanding of Italian – which centered on the qualities and specific characteristics of each of these two arts: as here sculpture is practiced in quite another fashion than with us, and the results are quite as marvelous as those achieved by painters. A key point in this controversy was the differing nature of light. We painters, so to speak, work with light within the painting, imposing at will the sources of illumination and gradating the effects as serves the overall composition; while sculptors appropriate natural light to compose their works, considering the effect of external factors on the attitudes of the figures they mean to create.

At first I was silent, knowing the limits of my experience in facts of sculpture; but when it came to speak of light, I felt capable of putting forth some arguments on the Flemish manner of creating the illumination of figures, concealing as much as possible the sources of light, in such a way as to give the impression that it is the painting itself that radiates that precious, diffuse luminosity that makes our paintings stand out. It was then that one of the Florentines asked me if I had seen a new work, which gave an ingenious response to our discussion. As I didn't know it, the next day we went together to see it. It's a treatment in bronze made for two pulpits in the church of San Lorenzo, which the most illustrious of the Florentine sculptors, Donatello, made a little before his death some years ago. What incomparable feelings, my friend! It's a sort of Via Crucis, as much in its themes as in the sphere of feeling: the adsuefactio mortis *of an artist who ponders the human condition, and interprets Jesus as the witness, I mean to say the companion, of an infinite passion and weariness of life. But I'd rather speak of this to you in person, when we see each other again: I've made some sketches, and I'll try to explain the ineffable. For now I'll limit myself to technical*

Donatello
Deposizione (1460-1466)
Pulpito
Chiesa di San Lorenzo, Firenze

Donatello
Deposition *(1460-1466)*
Pulpit
Church of San Lorenzo, Florence

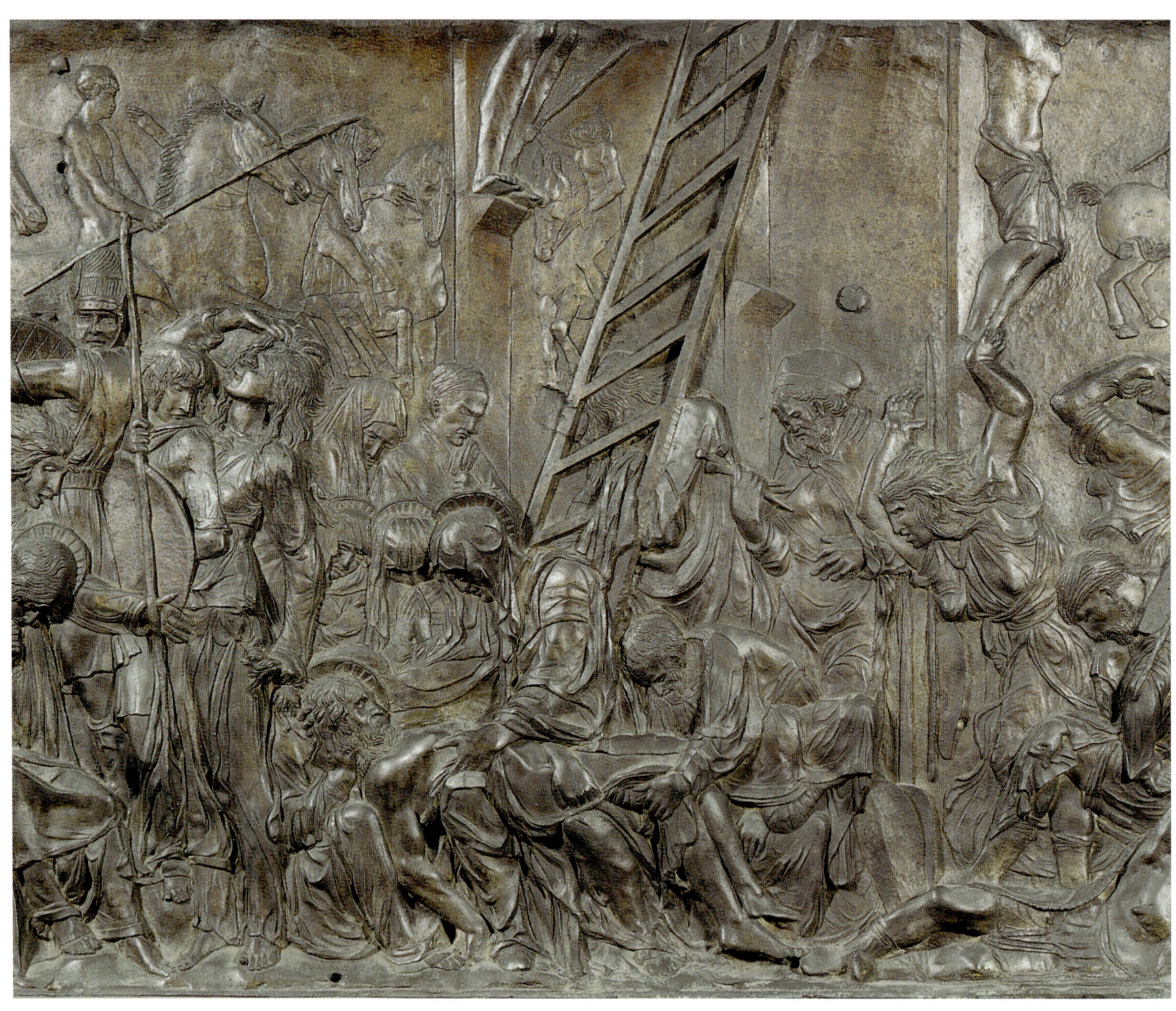

risco parlarti a voce, quando ci rivedremo: ho fatto qualche disegno, e cercherò di spiegarti l'ineffabile. Ora mi limito al fatto tecnico, che d'altronde è il supporto essenziale di quest'idea. È soprattutto una vasta scena, in bassorilievo, a rappresentare la novità dell'arte di Donatello. Rappresenta Cristo appena deposto dalla croce – un corpo logoro di vecchio; e intorno a lui piangono la madre, le altre donne, i discepoli. Sullo sfondo, appena delineati, dei soldati a cavallo; i due ladroni sono appesi alle croci, ma vediamo solo la parte inferiore delle loro figure.

È una composizione impressionante; ma ciò che soprattutto colpisce è, appunto, la luce che la pervade: e ho capito perché il mio intelligente amico mi suggerisse questa visita. La fonte d'illuminazione non appartiene all'ambiente, come accade di solito in un'opera di scultura; e neppure è interna all'immagine, secondo l'uso di noi pittori. È la materia stessa dell'opera, il bronzo, a irradiare la scena con la propria luce naturale. Mi riesce difficile spiegarti come ciò accada: certo, a quest'effetto contribuiscono sia il rapporto fra le superfici levigate e le parti in rilievo, sia la particolare rifinitura del materiale. Ma è il calcolo stesso dell'intera composizione a valorizzare la luminosità intrinseca alla materia, facendo di questa, per così dire, la protagonista del dramma che si svolge davanti ai nostri occhi. È dal bronzo che si creano le rade ombre e si diffonde una luce uniforme: e questa funzione porta il doppio segno del materiale che i poeti considerano un simbolo dell'eterno, e che d'altronde soggiace anch'esso, come ogni cosa di questa terra, alla legge della caducità. La passione dell'essere divino fattosi creatura umana grida, rilucendo nella materia in cui è scolpita, l'ambigua parola della fede e della disperazione. Ma sulla soglia del mistero conviene fermarsi; ed ecco altre notizie del mio viaggio in questa terra piena di luce..."

matters, which on the other hand are the essential support of this idea. It's first of all a vast scene, in bas-relief, that demonstrates the innovation of Donatello's art. It shows Christ just taken down from the cross – the worn body of an old man; and around him, weeping, his mother, the other women, the disciples. In the distance, barely visible, soldiers on horseback; the two thieves are hung on the crosses, but we see only the lower part of their bodies.

It's a striking composition; but what strikes one most is, in fact, the light that pervades it: and I understood why my intelligent friend suggested I make that visit. The source of illumination doesn't come from the surroundings, as usually happens in a work of sculpture; nor is it found within the image, as happens in the work of we painters. It's the very material of the work, the bronze, which irradiates the scene with its own natural light. It's difficult for me to explain how this happens: certainly contributing factors to this effect are both the rapport between the receding surfaces and the parts in relief, and the unusual finish of the material. But it is the calculation of the whole composition that gives value to the intrinsic luminosity of the material, making of this, so to speak, the protagonist of the drama that unfolds before our eyes. It is from bronze that one creates the rare shadows and diffuses a uniform light: and this function bears the double symbol of the material which poets consider symbolic of eternity, but on the other hand is also subject to, as everything on this earth, the laws of transience. The passion of the divine being made human creature cries out, shining in the material of which it is sculpted, the ambiguous word of faith and desperation. But it is best to stop at the threshold of the mystery; and here I turn to other news of my voyage in this light-filled land..."

4. Il *pathos* della luce

> *Frammento di un testo su papiro, da un trattato di autore ignoto, verosimilmente intitolato "Sulla scultura" e databile al I sec. d.C.*

"…e Melanippo sono i nomi degli artisti che si leggono sotto le lastre realizzate da ciascuno di loro. Si tratta di scultori locali o venuti da fuori, scritturati per quest'opera di inusitate dimensioni; e il loro numero si giustifica appunto con l'imponenza dell'Ara sacra a Zeus, eretta dal re Eumene di Pergamo nella sua città a ricordo della vittoria sui barbari Galati, che avevano invaso la terra dei Greci d'Asia. Il fregio che decora la parte inferiore del monumento rappresenta la battaglia in cui gli dèi del cielo sconfissero i Giganti, figli della Terra, quando costoro tentarono di scalare l'Olimpo, progettando di sostituirsi a Zeus nel dominio sull'universo. Ma questa lotta non è solo l'immagine allegorica del trionfo dei Greci sui Galati; essa è il simbolo della civiltà che si oppone vittoriosamente alla barbarie e soprattutto rappresenta la contesa perenne del Bene contro il Male, in cui è fissato dal destino che sia il Bene, garantito dalla giustizia divina, a prevalere contro le forze della tenebra.

Questa è l'idea che ispira il fregio; ed è notevole come tanti artisti abbiano saputo far corrispondere la propria opera a tale progetto dell'insieme. Ma ancora più mirabile è la coerenza della realizzazione artistica, cosa tanto più sorprendente quando si consideri la diversità delle loro provenienze, delle scuole di appartenenza, e del tratto personale di ogni singolo scultore. Se non fosse impresa tale da occupare un tempo ben più lungo della vita di un uomo, diresti che un solo creatore abbia compiuto questo lavoro colossale – come Omero, a quanto si crede, compose con ineguagliabile maestria l'*Iliade* e l'*Odissea*.

Il carattere comune a tutto il fregio è il *pathos*, come d'altronde è da attendersi in un'opera che sorge nel territorio dell'Asia: poiché, come tutti sanno, il *pathos* è l'impronta tipica dello stile asiano in ogni genere della letteratura. Negli episodi della lotta fra gli dèi e i Giganti trabocca l'espressione delle passioni più violente: la brama di dare morte all'avversario, l'ansia di salvare la propria vita, la drammatica consapevolezza che è in palio la signoria sul mondo intero. Quest'ardente tensione si esprime nell'esagitato torcersi dei corpi e nella teatralità delle pose, nella possente anatomia dei nudi e nell'espressione dei volti che urlano il dolore o l'esultanza, nelle chiome

4. *The* Pathos *of Light*

> Fragment of a text on papyrus, part of a treatise by an unknown author, most likely titled "On Sculpture," circa 1ˢᵗ century B.C.

"…*and Melanippos are the names of the artists that one reads under the slabs worked by each one of these. They were local or foreign sculptors, engaged for this work of unusual dimensions; and their number is in fact justified by the impressiveness of the altar consecrated to Zeus, erected by King Eumenes of Pergamo in his city to commemorate the victory over the Galatian barbarians, who had invaded Greek territory in Asia. The frieze that decorates the inferior part of the monument shows the battle in which Gods of heaven defeated the Giants, sons of Earth, when the latter attempted to storm Mount Olympus, planning to replace Zeus as rulers of the universe. But this struggle isn't just a pictorial allegory of the triumph of the Greeks over the Galatians; it is the symbol of civilization that victoriously opposes barbarism, and above all represents the perennial conflict between Good and Evil, in which it is destined that Good, guaranteed by divine justice, will prevail against the forces of darkness.*

This is the idea inspiring the frieze; and it is noteworthy how so many artists have found ways to unite their own personal works to this group project. And even more admirable is the coherence of the overall artistic accomplishment, all the more surprising when one considers the differences in their backgrounds, in the schools from which they come, and in the personal traits of each individual sculptor. If it wasn't an undertaking on such a scale that it would take up a good bit more time than the life of one man, I would say that one single creator had realized this colossal work – like Homer, or so it is believed, composed with matchless mastery The Iliad *and* The Odyssey.

The common characteristic running through the frieze is pathos, *as is to be expected in a work rooted in Asian territory, given, as we all know, that* pathos *is the typical trademark of Asian style in all types of literature. The episodes of the struggle between the gods and the Giants are brimming over with the most violent passions: the yearning to kill one's adversary, the anxiety to save one's own life, the dramatic knowledge that the mastery of the whole world hangs in the balance. This burning tension expresses itself in the exaggerated contortions of the bodies and the theatricality of their poses, in the powerful anatomy of the nudes and in the facial expressions that cry out in suffer-*

Fregio dell'Altare di Pergamo
(II sec. a.C.)
Staatliche Museen
Antikensammlung, Berlino

Frieze from the Altar of Pergamo
(2nd century B.C.)
Staatliche Museen
Antikensammlung, Berlin

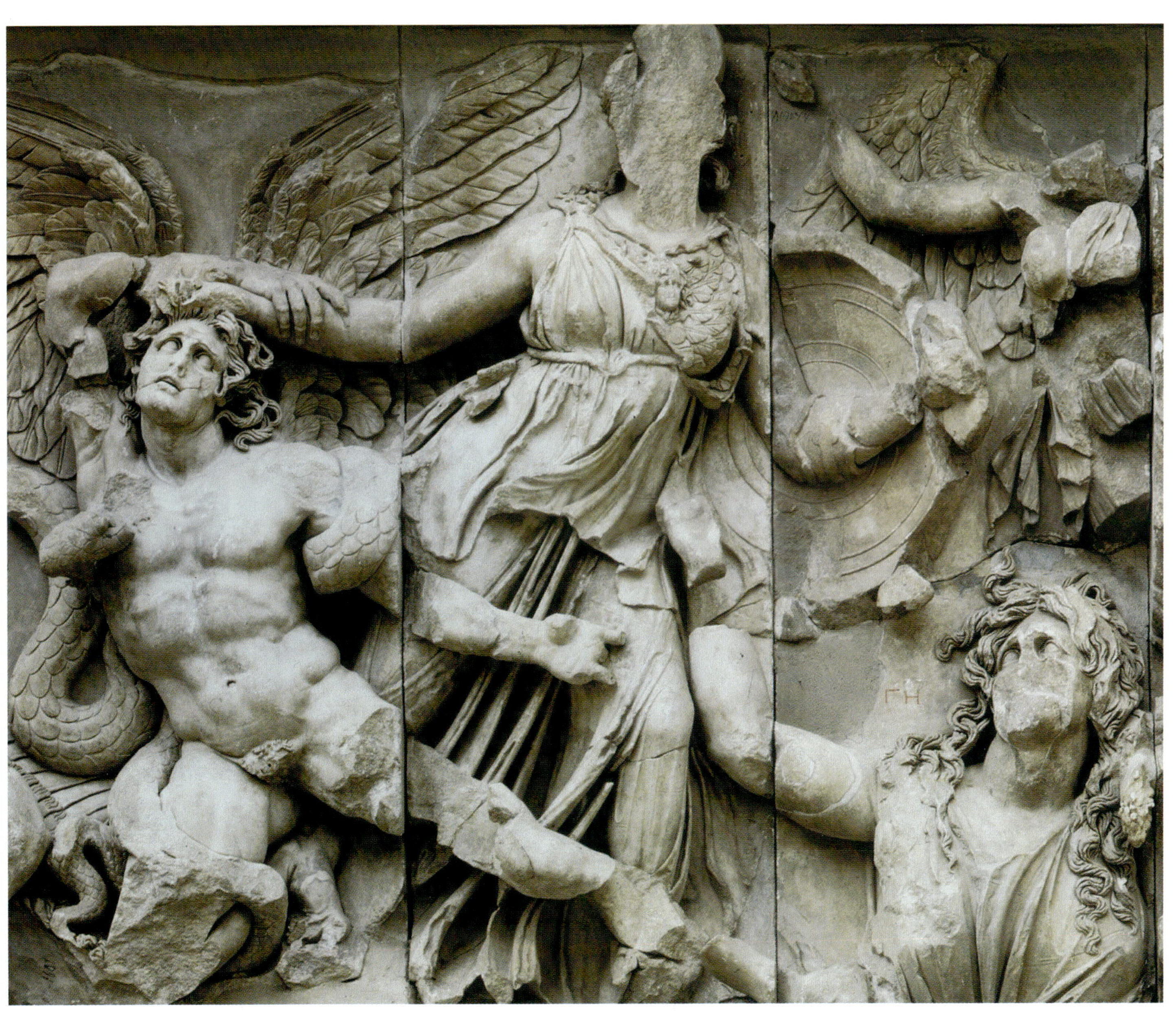

sconvolte e nelle pieghe dei drappeggi che si agitano a suggerire l'impeto dei gesti. Dovunque si può notare un eccesso dei sentimenti, che è appunto ciò che comunemente si definisce *pathos*.

Si ha l'impressione di assistere a qualcosa mai tentato per l'addietro nella storia della scultura. A rappresentare il *pathos* di figure singole riuscirono già molti fra gli scultori; ma è cosa assolutamente nuova che questo tumulto di passionalità pervada in ogni dettaglio una scena d'assieme, per di più di una misura fuori dal normale come è quella del nostro fregio. Quest'impronta di unità proviene, per quanto a me pare, dall'idea centrale dell'opera, che è il conflitto fra lo spirito e la materia: questo è un tema che per se stesso è pieno di *pathos*, poiché impegna la volontà dell'uomo in una spasmodica lotta fra due tensioni opposte, entrambe insite nella sua natura.

Come hanno ottenuto quest'effetto gli artisti dell'Ara di Pergamo? Lo spirito è luce; la materia è assenza di luce, ossia oscurità. Sulle figure dei combattenti impegnati in questa lotta estrema, gli scultori proiettano con la combinazione delle superfici e dei rilievi una luce che batte formando improvvisi bagliori e spesse zone di buio. Appunto in quest'opposizione sta il *pathos* dell'esistenza stessa. In una delle scene più emozionanti del fregio appare il volto di un giovane eroe, che tenta di difendere la propria vita dall'impeto possente di Atena; ma il morso del serpente alleato della dea lo attanaglia al petto con il gelo della morte. Il suo volto è proteso in un anelito estremo verso la luce, che è vita: e un raggio lo illumina, come per un ultimo addio prima di scomparire nella tenebra. Tutto questo non è *pathos*, nella sua manifestazione più forte e autentica? E dunque si può affermare che gli autori dell'Ara hanno scoperto che il *pathos* nella scultura si produce dalla luce..."

ing or exultation, in the disordered locks of hair and in the folds of cloth distorted to suggest impetuous gestures. Everywhere one can see an excess of feeling, which is in fact what we commonly define as pathos.

One has the impression of witnessing something never before attempted in the history of sculpture. Many sculptors have already succeeded in depicting the pathos *of a single figure; but there is something absolutely new in the tumult of passion that pervades every detail of this group scene, all the more in its being on as grand a scale as is our frieze. This unifying impression comes, it seems to me, from the central idea of the work, which is the conflict between spirit and matter: this is a theme that in and of itself is full of* pathos, *as it binds man's will to a spasmodic struggle between two contradictory tensions, both innate to his nature.*

How did the artists of the Altar of Pergamo achieve this effect? The spirit is light; matter is the absence of light, that is to say darkness. On the figures of the combatants engaged in this extreme conflict, the sculptors, using a combination of receding and raised surfaces, project a light that creates sudden flashes and deep zones of blackness. In fact, it is exactly in this opposition that one finds the pathos of existence. *In one of the frieze's most moving scenes, the face of a young hero appears, striving to defend his life against the overwhelming power of Athena; but the bite of the serpent allied to the goddess grips his chest with deathly cold. His face is raised with great longing towards the light, which is life: and a ray illuminates him, as if in final farewell before he disappears into the shadow. Is not all this* pathos, *in its strongest and most authentic manifestation? And therefore one can affirm that the Altar's authors have discovered that* pathos *in sculpture is an effect of light..."*

5. La luce dell'aria

Fra il 447 e il 438 viene eretto, sull'Acropoli di Atene, il tempio detto Partenone, sotto la direzione di Fidia.

Fidia sta nella sua baracca, disteso su una branda. Il sole ha oltrepassato la metà del suo cammino e il giorno è stato molto faticoso. Gli scultori che lavorano al fregio del Partenone formano il fiore dell'arte ateniese e sono attenti a seguire le sue indicazioni: ma l'opera è immensa, nelle dimensioni e soprattutto nel progetto. Riprodurre in una fascia di marmo, lunga come il perimetro della cella del tempio, la processione delle Panatenee che è il rito più solenne di Atene e della Grecia intera; riempire la serie delle lastre con una miriade di cavalli e cavalieri, di sacerdoti, musici e portatori di offerte, di magistrati e giovani donne addette al rito; e far sì che il corteo diviso in due schiere si raccolga davanti alla presenza stessa delle dodici divinità maggiori dell'Olimpo, convocate a contemplare la fremente pienezza di vita della città prediletta! Si tratta di coordinare più di settanta sezioni, ciascuna affidata a un maestro dell'arte e agli allievi della sua bottega; di curare che le cesure tra una sezione e l'altra coincidano con i soggetti di ogni singola parte; di sorvegliare che la realizzazione artistica di tutti i particolari corrisponda al piano generale. Ma Fidia possiede l'energia intellettuale e pratica per controllare la complessa strategia di quest'impresa enorme; e molto contribuiscono la sua persuasione nel valore dell'opera, il prestigio di essere considerato il massimo scultore del mondo greco, e il tratto fermo e gentile con cui dirige il suo esercito di collaboratori.

Ora chiunque passa vicino alla sua baracca, vedendo la porta chiusa, capisce che il maestro sta riposando; abbassa la voce, e muove gli attrezzi con cautela. Fidia gode la sua isola di silenzio, con gli occhi chiusi: ma non riesce ad abbandonarsi a quel breve sonno che sarebbe necessario prima di finire il lavoro della giornata. Sente le membra sciogliersi dalla fatica, ma la sua mente continua a ragionare: cosa si è fatto, cosa si sta facendo, cosa resta da fare. Nel complesso, è soddisfatto: tra gli artisti ci sono i più bravi e i meno bravi, ma la comune tradizione del mestiere e l'influsso della scuola formano un connettivo tanto potente da unificare la processione secondo il suo progetto. Ma proprio qui si annida quel dubbio che talvolta aggrotta la fronte di Fidia: la grande festa degli Ateniesi rivive nel marmo con vivacità, grazia, eleganza, e ogni figura si integra in un insieme di meravigliosa armonia – ma non è possibi-

5. The Light of Air

Between 447 and 438, on the Acropolis of Athens, the temple called the Parthenon was erected, under the direction of Phidias.

Phidias is in his hut, lying on a cot. The sun has passed its height, and it had been a tiring day. The sculptors working on the frieze of the Parthenon are the flower of Athenian art, and they are careful to follow his directions: but the work is immense, in size and especially in scope. To reproduce on a marble strip as long as the perimeter of the temple's cella, the procession of the Panathenaea, which is the most solemn rite of Athens and all Greece; to fill the series of slabs with a myriad of horses and horsemen, of priests, musicians and offering bearers, judges and young female acolytes; and to do it in such a way that the court divided in two ranks gather in the presence of the twelve principal gods of Olympus, summoned to contemplate the pulsing fullness of life of the privileged city! It's a matter of coordinating more than 70 sections, each one entrusted to a master craftsman and the graduates of his studio; to ensure that the caesuras between one section and another fit in with the subjects of each individual part; to supervise that the artistic realization of all the details corresponds to the general plan. But Phidias possesses the practical and intellectual energy to control the complex strategy of this enormous enterprise; and much contributes to his belief in the work's value, the prestige of being considered the foremost sculptor in the Greek world, and the firm and kindly touch with which he directs his troop of collaborators.

Now whoever passes by his hut, seeing the closed door, understands that the master is resting; he lowers his voice and carries his tools carefully. Phidias enjoys his island of silence, with closed eyes: but he doesn't succeed in giving himself over to the brief slumber that he needs before finishing the day's work. He feels his limbs melting with fatigue, but his mind keeps working: what's already done, what they're doing now, what remains to do. All in all he is satisfied. Among the artists, there are those more and less talented, but the common tradition of the craft and the influence of the workshops make a connection strong enough to unify the procession according to his plans. But it is exactly here that the doubt lives which sometimes wrinkles Phidias' brow: the Athenian's great celebration lives again in marble with liveliness, grace, elegance, and every figure is integrated into a whole of marvelous harmony – but isn't it possible to express an idea that goes beyond technical perfection and

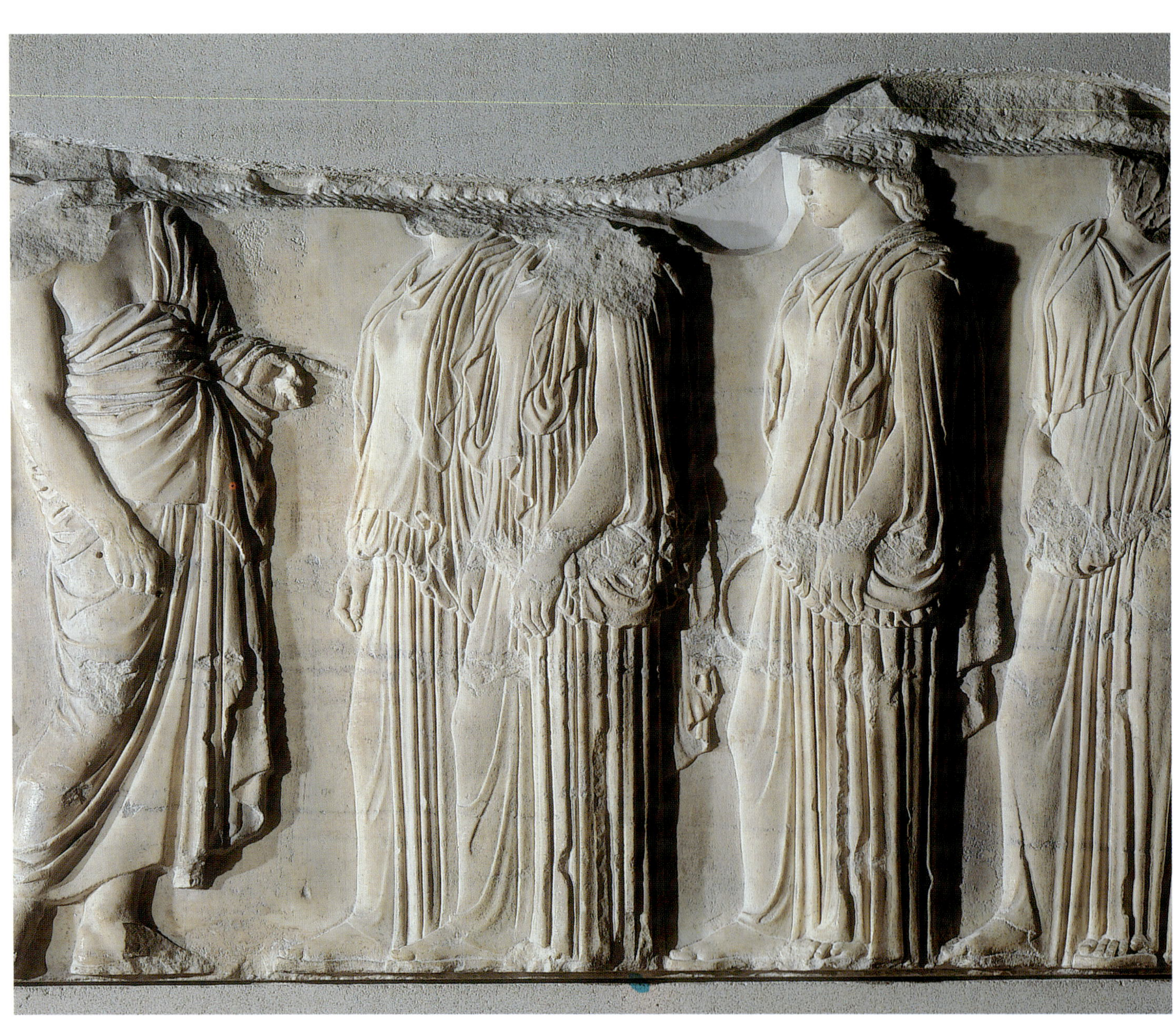

Fregio del Partenone (V sec a.C.)
Frammento
Museo del Louvre, Parigi

*Frieze of the Parthenon
(5th century B.C.)
Fragment
Louvre Museum, Paris*

le esprimere un'idea che vada oltre la perfezione della tecnica, e trasformi questo splendore di forme in un modello di pensiero?

"Non volere troppo," si dice Fidia, "non è questa la sapienza che il dio di Delfi insegna all'uomo?" Sorride fra sé, si alza, esce dalla baracca: e lo avvolge l'onda tenera e limpida della luce greca, in quell'ora che precede il tramonto. All'improvviso Fidia sente di comprendere ciò che andava cercando e disperava di trovare. Chiama il suo assistente, gli ordina di far sospendere ogni lavoro e di convocare da lui tutti i lavoranti: maestri, artigiani e garzoni di bottega. Quando il gruppo si è raccolto, comincia a parlare:

"Amici, la nostra impresa procede nel modo migliore: sono contento della vostra collaborazione e vi sono infinitamente grato dell'entusiasmo con cui vi adoperate a compiere il mio progetto. Ma vi chiedo di seguirmi ancora in questo nuovo pensiero, che sarà la corona più meravigliosa del nostro lavoro comune. Noi raffiguriamo un atto di devozione verso gli dèi, poiché questo significa la grande processione della nostra città; e un segno devoto è anche la stessa arte che mettiamo in quest'opera. Ma ora io mi sono convinto che si può fare qualcosa di più, per mostrare la nostra gratitudine per tutto quanto ci viene dagli dèi: includere in queste immagini il loro dono più grande, che è anche la verità ultima della loro natura. E qual è il dono più grande per gli uomini, qual è il segno più vero della presenza divina nel mondo? È la luce. Ascoltiamo i poeti, o le parole che usiamo nel nostro linguaggio di ogni giorno: la luce è la vita stessa, nascere si dice 'venire alla luce', e il momento triste della morte lo chiamiamo 'abbandonare la luce'. Quando risolviamo un dubbio che ci tormenta, siamo soliti dire 'ho visto la luce'; e chiamiamo 'luce' la liberazione, la vittoria, la felicità, la gloria. Grazie alla luce vediamo ciò che è bello; e questa contemplazione è la nostra gioia più grande. Insomma, la luce è per noi la realtà stessa. E dunque vi dico: riempiamo di luce la nostra opera. Guardate questa lastra con le fanciulle che hanno tessuto il peplo della dea: sembra finita, ma si può aggiungere la luce, farla uscire dalle vesti, dalle mani, dai volti, in modo che il suo palpito riluca per tutta l'immagine. La luce è nell'aria e troveremo insieme il modo per renderla evidente nelle nostre figure, così". Fidia prende i suoi attrezzi e comincia delicatamente a ritoccare il marmo, finché nel cielo rimane l'ultimo bagliore di luce.

transforms this splendor of shapes into a model for thought?

"I don't want too much," Phideas says to himself, "isn't this the knowledge that the Delphic god teaches men?" He smiles to himself, gets up, leaves the hut: and is wrapped in the tender, limpid wave of Greek light, in that hour before sunset. Suddenly Phidias feels that he understands what he was seeking, and feared never to find. He calls his assistant, tells him to halt all work, and to call all the workers to him: masters, artisans and workshop boys. When the group gathers, he begins to speak:

"Friends, our undertaking is proceeding wonderfully: I am happy with your collaboration, and I am infinitely grateful to you all for the enthusiasm with which you have striven to carry out my plan. But I ask you to follow me again in this new thought, which will be the crowning glory of our communal work. We will portray an act of devotion to the gods, as this is signified by our city's great procession; and another sign of devotion is the art itself that we put into this endeavor. But now I'm convinced that one can do something more, to show our gratitude for all that which the gods have given us: to include in these images their greatest gift, which is also the ultimate truth of their nature. And what is the greatest gift for men, what is the truest sign of the divine presence in the world? It's light. Listen to the poets, or the words we use in everyday speech: light is life itself, to be born is also "to bring to light," and the sad moment of death we call "leaving the light." When we resolve a tormenting doubt, we are accustomed to say, "I've seen the light;" and we call "light" freedom, victory, happiness, glory. Thanks to the light we see that which is beautiful, and this contemplation is our greatest joy; in summation, light for us is reality itself. And therefore I say to you: let us fill our work with light. Look at that panel with the girls that have woven the peplum for the goddess: it seems finished, but one can add light, have it coming out of their clothing, their hands, their faces, in such a way that its pulse shines through the whole image. Light is in the air, and together we will find the way to demonstrate it in our figures, like this." Phidias took up his tools, and began delicately retouching the marble, carrying on as long as the last glimmer of light remained in the sky.

Scrivere con la Luce

Vittorio Storaro

Writing with Light

Per me, fare un film significa risolvere il conflitto tra luce e ombra, freddo e caldo, blu e arancio o altri colori contrastanti. Dev'esserci un senso di energia, o variazione di movimento. Un senso del tempo che scorre – la luce diviene notte che si trasforma nel mattino.

To me, making a film is like resolving conflicts between light and dark, cold and warm, blue and orange or other contrasting colors. There should be a sense of energy, or change of movement. A sense that time is going on – light becomes night, which reverts to morning.

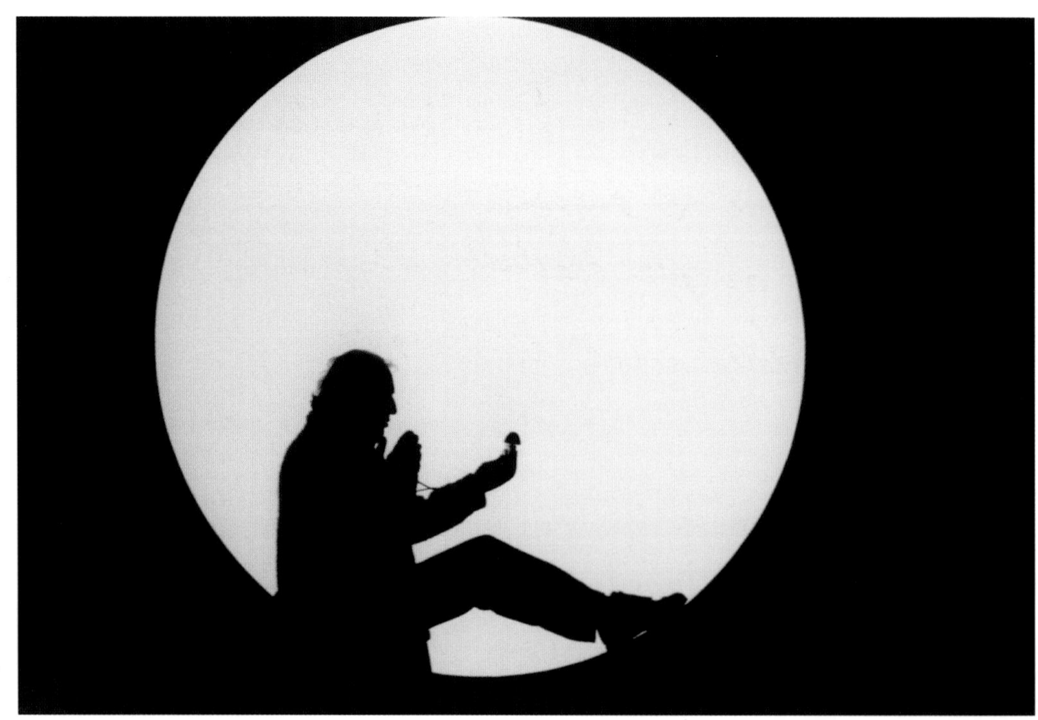

Nel corso della mia vita, più
ci penso e più mi soffermo a
quell'Intuizione, a quella
che io vedo come la più
bella poesia che ho mai letto
in vita mia; la magica
formula matematica di
Albert Einstein

$E = m \cdot c^2$

L'intuizione più geniale che
ho creduto di capire,
almeno in quella porzione di
Energia che è l'Energia
visibile: LA LUCE.
Poiché ho sempre creduto
che: La Luce è parola,
parola è amore, amore
è conoscenza, conoscenza
è libertà, libertà è luce, luce
è Energia, Energia è Tutto.

*In the course of my life, the
more I think about it the
more I find myself pausing
at that Intuition, which I see
as the most beautiful poem
I have ever read in my life;
the magical mathematical
formula of Albert Einstein*

$E = m \cdot c^2$

*The most brilliant intuition
that I believe to have
understood, at least in that
part of Energy that is visible
Energy: LIGHT. Since I have
always believed that:
Light is word, word is love,
love is understanding,
understanding is freedom,
freedom is light, light is
Energy, Energy is
Everything.*

Tadashi Suzuki

Prometeo...Il fuoco amara potenza infinita

Tadashi Suzuki

Prometheus...Bitter Fire Infinite Power

Perché una piccola pianta di riso germogli
fino a che la sua ombra si rifletta nell'acqua,
è necessaria la luce eterna.

Perché diventi nutrimento per l'uomo,
è necessario il fuoco.

Perché il genere umano progredisse,
sono state ineluttabili quelle fiamme
che hanno spento tante vite.

Si è giunti a questo punto.
Gli uomini hanno creato quel fuoco, estremo orrore:
in un istante distrugge chi osa guardarlo.

Il fuoco, potenza ambigua
di vita e di morte.

To let a little rice plant germinate
until its shadow is reflected on the water,
requires eternal light.

To make it into nourishment for man,
fire is necessary.

To ensure the continuation of human life,
there was no eluding the flames
that have extinguished so many lives.

We have come to this point.
Human beings have created that fire, ultimate horror:
that instantly destroys whoever dares to gaze on it.

Fire, ambivalent energy,
force for life and death.

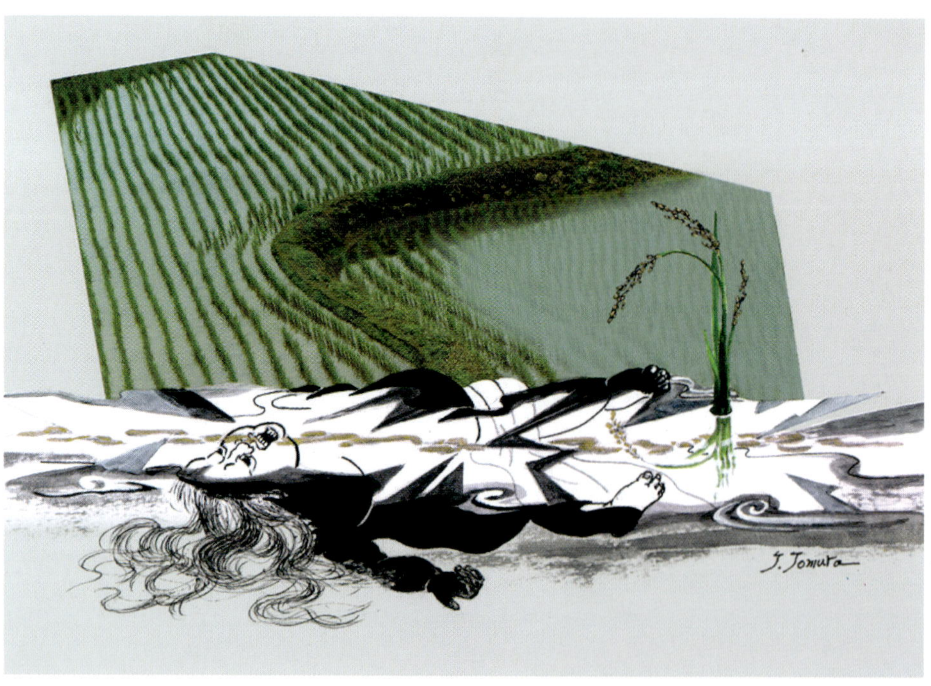

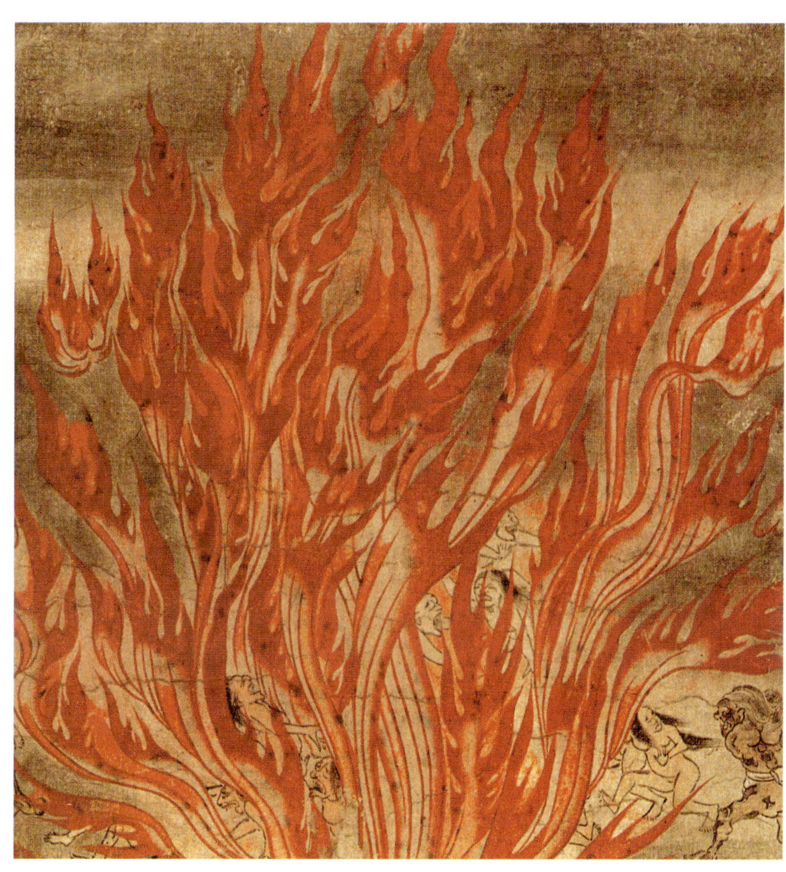

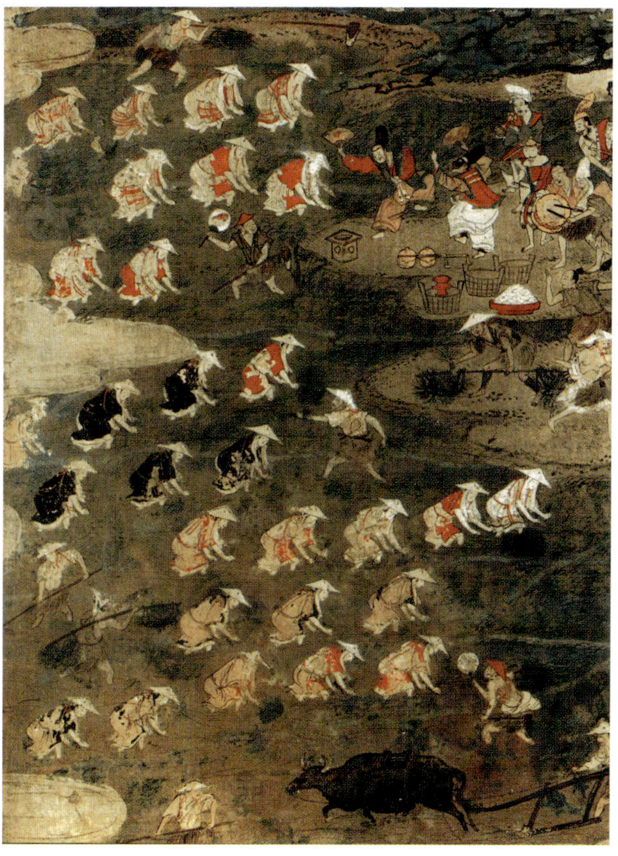

Robert Wilson
Giovanni Sollima

Architettura dell'installazione
Installation Concept and Design
Robert Wilson

Musica
Music
Giovanni Sollima

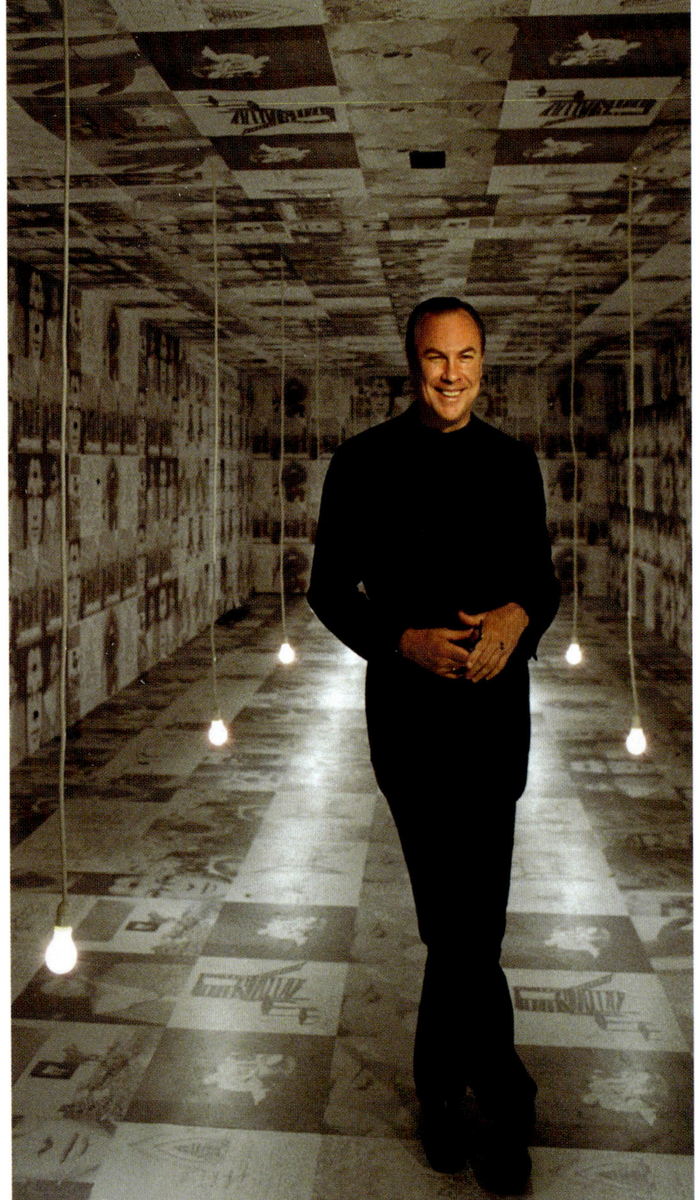

Questo è il fuoco che aiuterà le generazioni a venire,
se lo useranno in modo che sia rispettata la sua sacralità.
Ma se non lo faranno, il fuoco avrà il potere
di procurare loro grande sofferenza.

Indiani Sioux

Rendering del progetto per
Immaginando Prometeo
via dei Mercanti, Milano (2003)

Rendering of the project for
Imagining Prometheus
via dei Mercanti, Milan (2003)

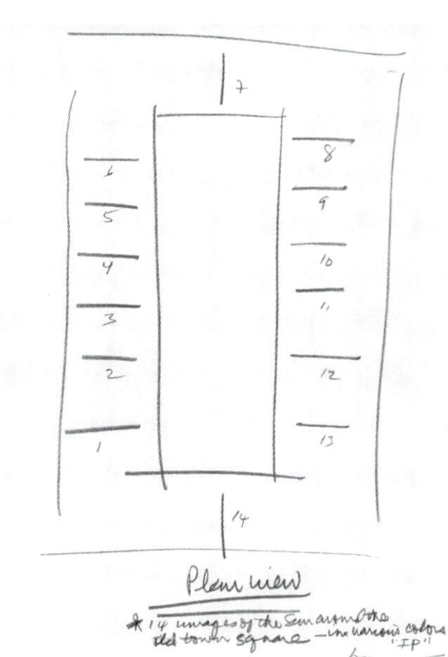
Plan view
* 14 images of the Sun around the
old town square — in various colors
"IP"

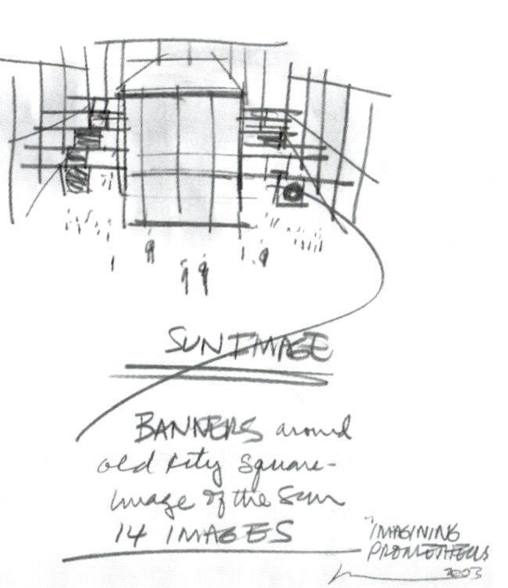
SUN IMAGE
BANKERS around
old city square —
image of the Sun
14 IMAGES
"IMAGINING
PROMETHEUS
2003

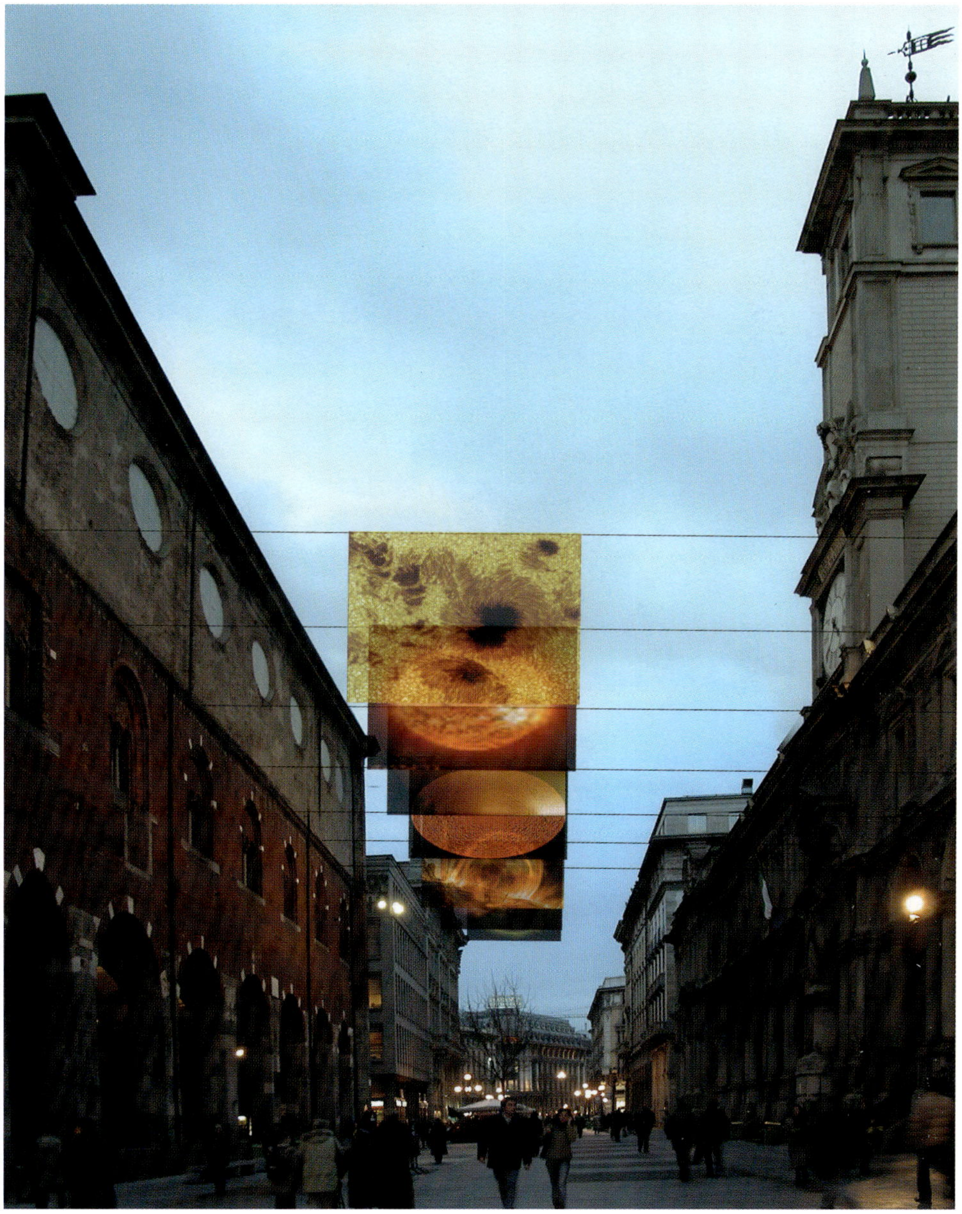

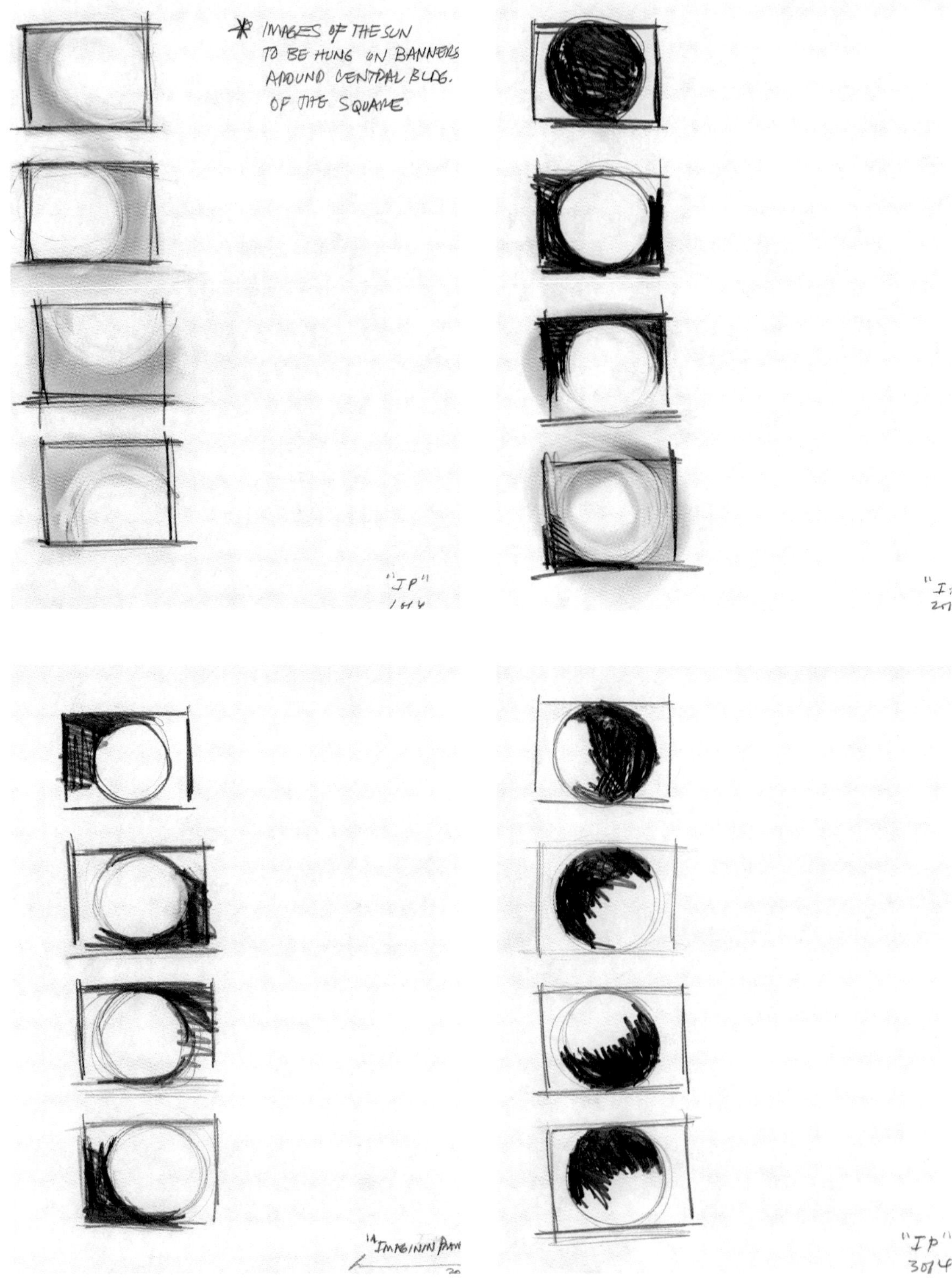

✳ IMAGES OF THE SUN
TO BE HUNG ON BANNERS
AROUND CENTRAL BLDG.
OF THE SQUARE
"JP"
1 of 4
"I"
2 of 4
"IMAGINING PLAN"
2 of 4
"JP"
3 of 4

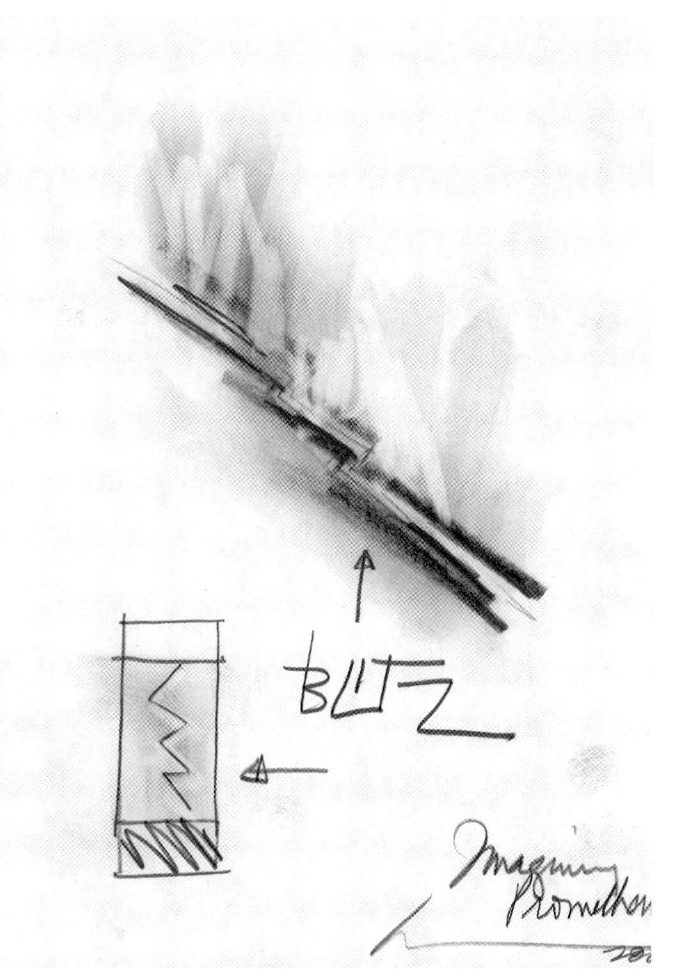
BLITZ
Imagining
Prometheus

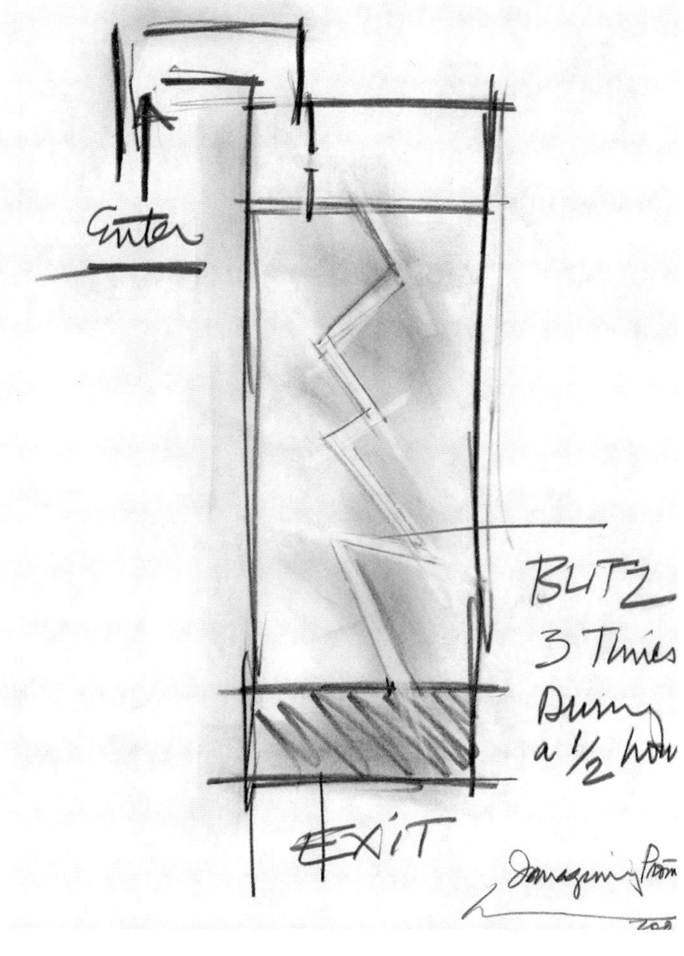
Enter
BLITZ
3 Times
During
a 1/2 hour
EXIT
Imagining Prom

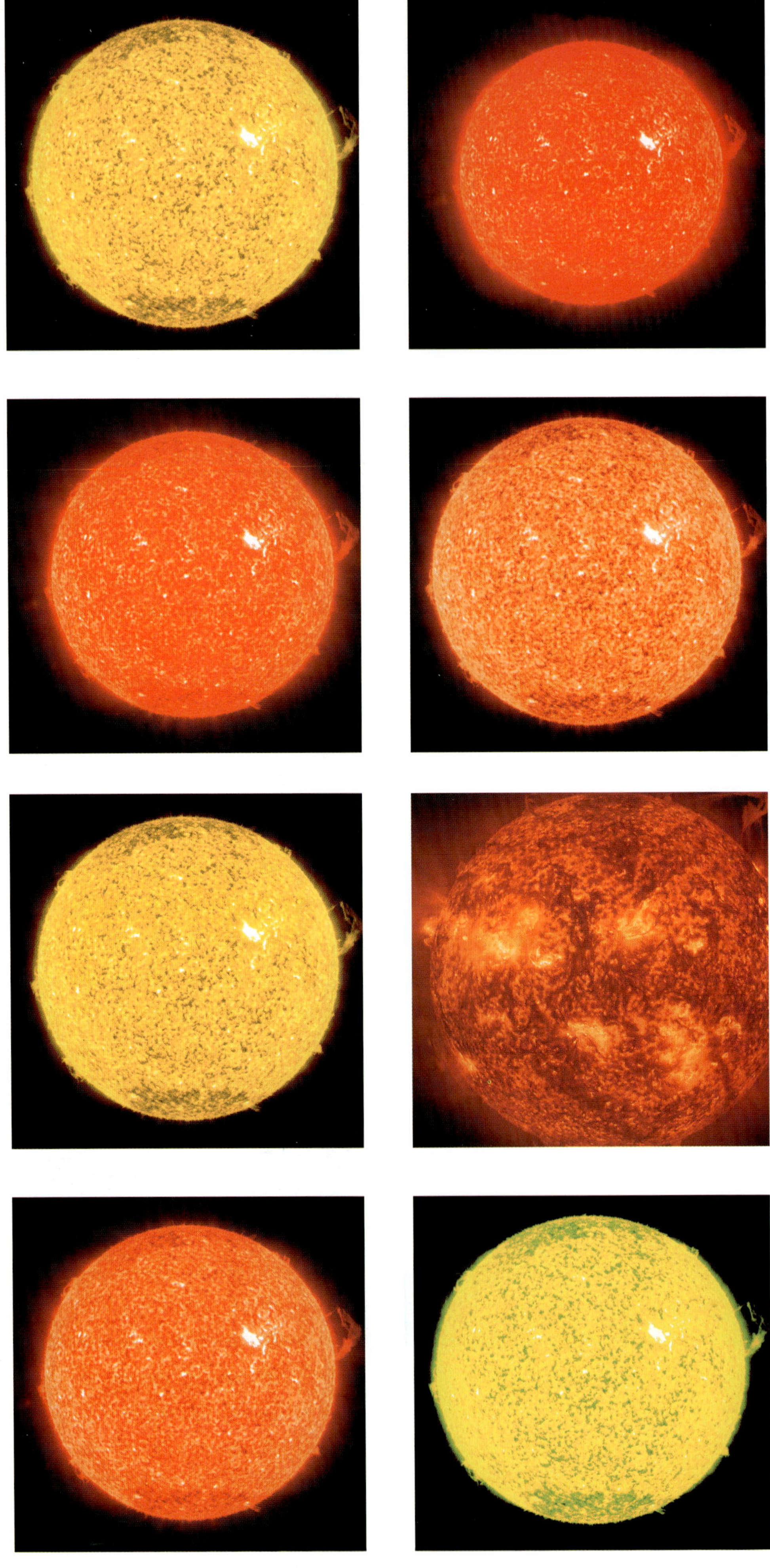

Immagini del Sole elaborate dal
telescopio EIT (ESA e NASA)

*70 Angels on the Façade: Domus
1928-1998*
Milano, Piccolo Teatro (1998)

*Images of the Sun elaborated by
EIT telescope (ESA and NASA)*

70 Angels on the Façade: Domus
1928-1998
Milan, Piccolo Teatro (1998)

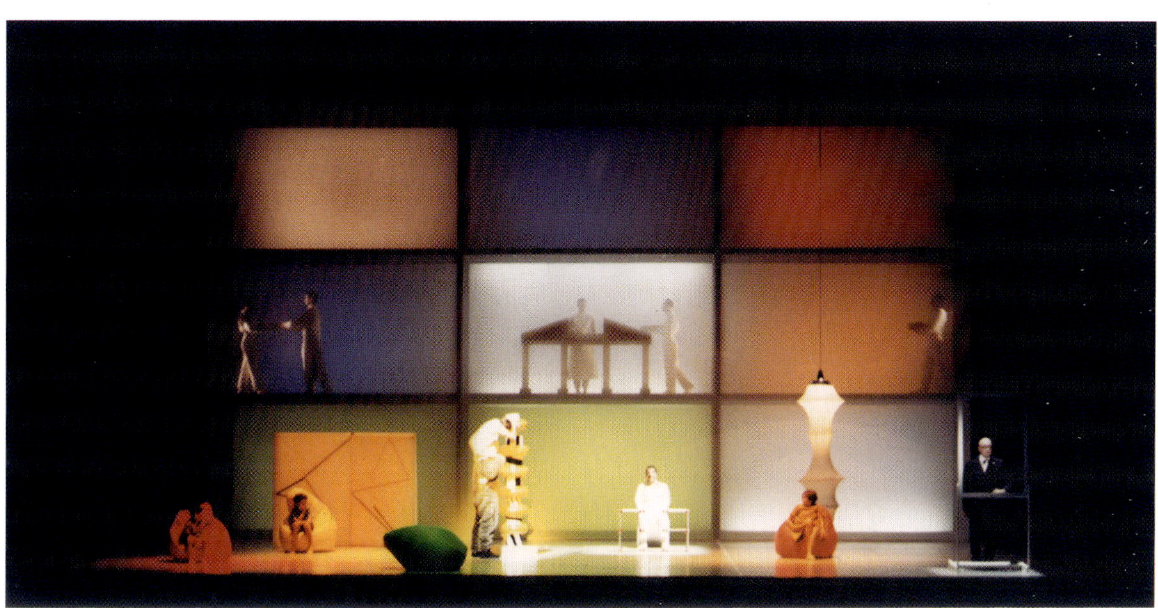

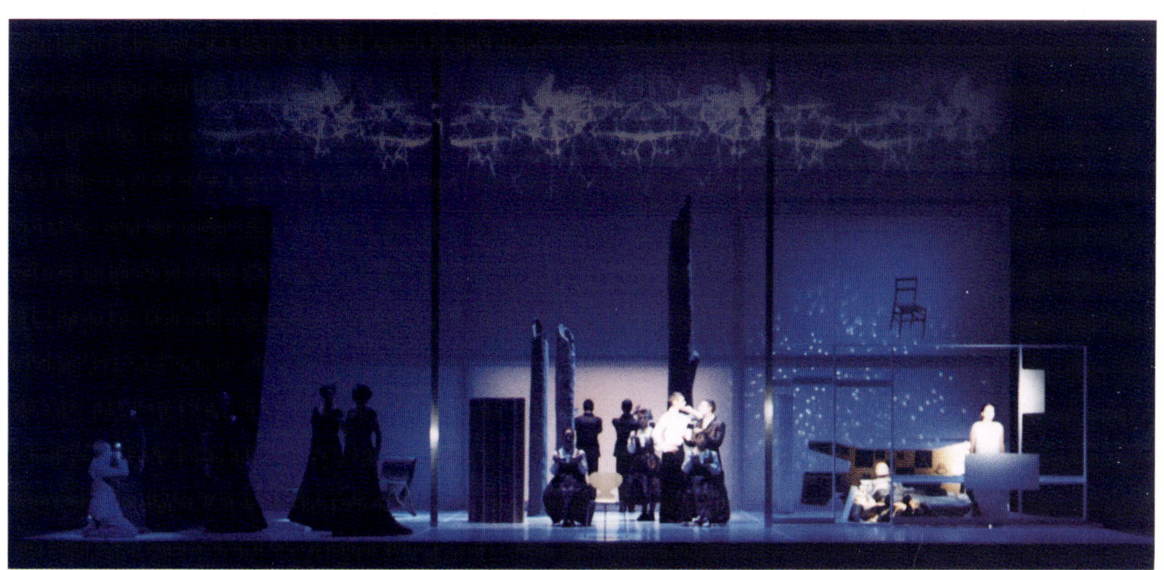

Immagini del Sole elaborate dal
telescopio EIT (ESA e NASA)

*70 Angels on the Façade: Domus
1928-1998*
Milano, Piccolo Teatro (1998)

*Images of the Sun elaborated by
EIT telescope (ESA and NASA)*

70 Angels on the Façade: Domus
1928-1998
Milan, Piccolo Teatro (1998)

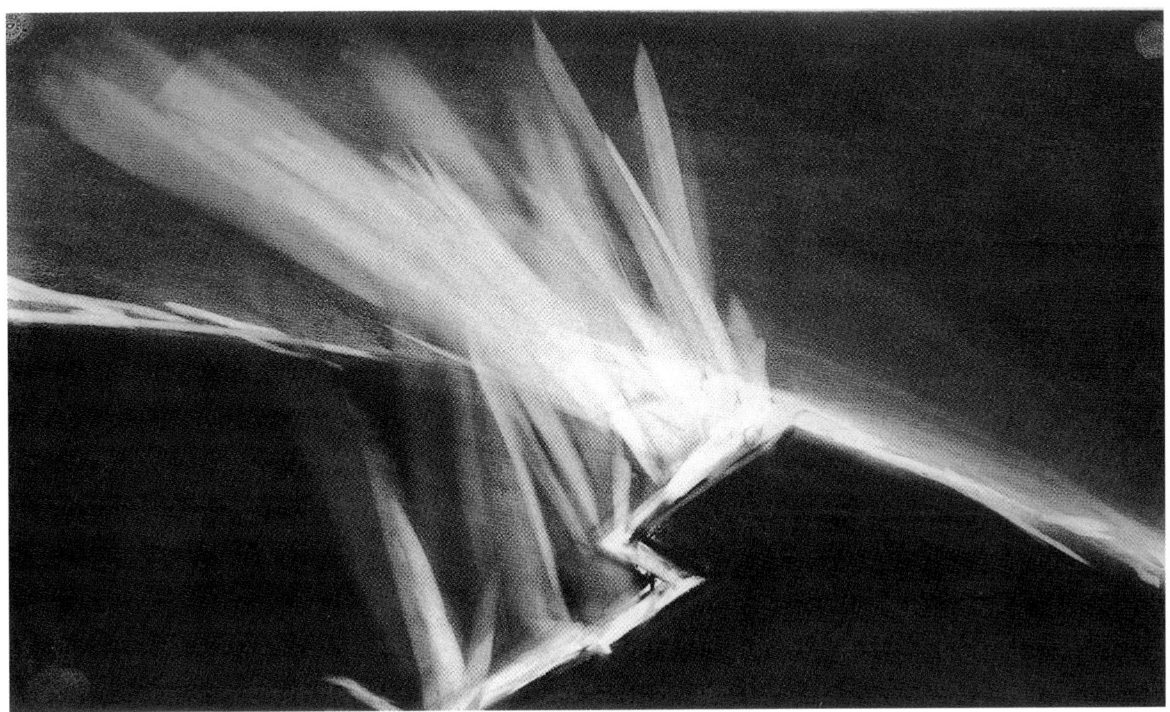

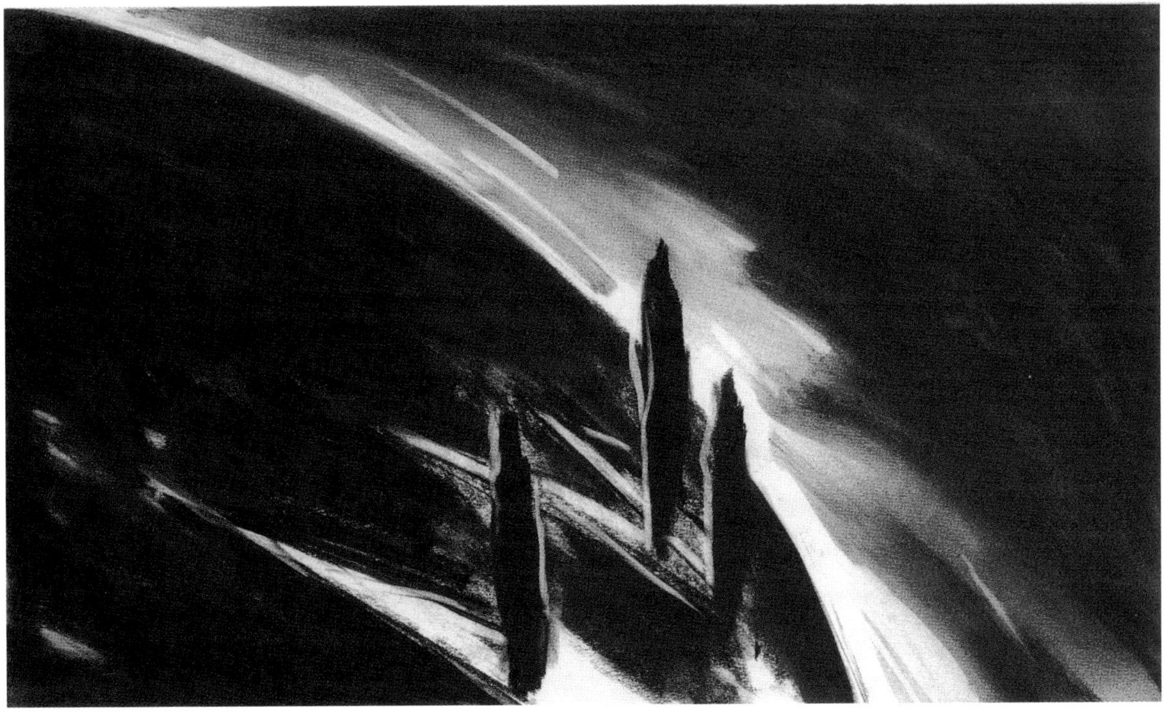

Moni Ovadia
Gianni Carluccio

Il Nome disse Luce
The Name Said Light

Progetto sonoro
Sound design
Stefano Scarani

Laboratorio scenografico
Scene shop
Agorà

וְהָאָרֶץ לֹא תִמָּכֵר לִצְמִתֻת כִּי־לִי הָאָרֶץ כִּי־גֵרִים וְתוֹשָׁבִים אַתֶּם עִמָּדִי

Antico Testamento · Levitico 25, 23

La terra non si può vendere in perpetuità, perché la terra è mia e perché presso me voi siete residenti stranieri.

Old Testament · Leviticus 25, 23

The earth cannot be sold in perpetuity, because the earth is mine and because you stay near me as foreigners and tenants.

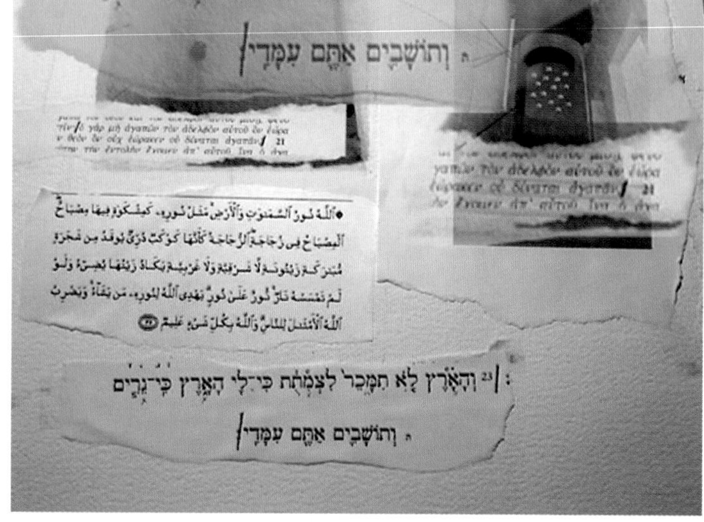

ὁ γὰρ μὴ ἀγαπῶν τὸν ἀδελφὸν αὐτοῦ ὃν ἑώρακεν, τὸν θεὸν ὃν οὐχ ἑώρακεν οὐ δύναται ἀγαπᾶν.

Nuovo Testamento · Lettera di Giovanni 4, 20

Chi infatti non ama il proprio fratello che vede, non può amare Dio che non vede.

New Testament · John, Letters 4, 20

In point of fact, he who doesn't love his own brother whom he sees, will be unable to love God whom he doesn't see.

لِكُلٍّ جَعَلْنَا مِنكُمْ شِرْعَةً وَمِنْهَاجًا وَلَوْ شَاءَ ٱللَّهُ لَجَعَلَكُمْ أُمَّةً وَٰحِدَةً وَلَٰكِن لِّيَبْلُوَكُمْ فِى مَآ ءَاتَىٰكُمْ فَٱسْتَبِقُوا۟ ٱلْخَيْرَٰتِ إِلَى ٱللَّهِ مَرْجِعُكُمْ جَمِيعًا فَيُنَبِّئُكُم بِمَا كُنتُمْ فِيهِ تَخْتَلِفُونَ

Corano · Sura 5, 48

A ognuno di voi abbiamo assegnato una regola e una via, mentre, se Dio avesse voluto, avrebbe fatto di voi una Comunità Unica, ma non lo ha fatto per provarvi in ciò che vi ha dato. Gareggiate dunque nelle opere buone, poiché tutti tornerete a Dio, e allora Egli vi renderà chiare quelle cose per le quali ora siete in discordia.

Koran · Sura 5, 48

To each of you we have assigned a rule and a way, whereas, if God had wanted, he would have made of you a Single Community, but that he has not done to test you in that which he has given you. Compete therefore in doing good works, as you will all return to God, and then he will instruct you in those things for which now you are in discord.

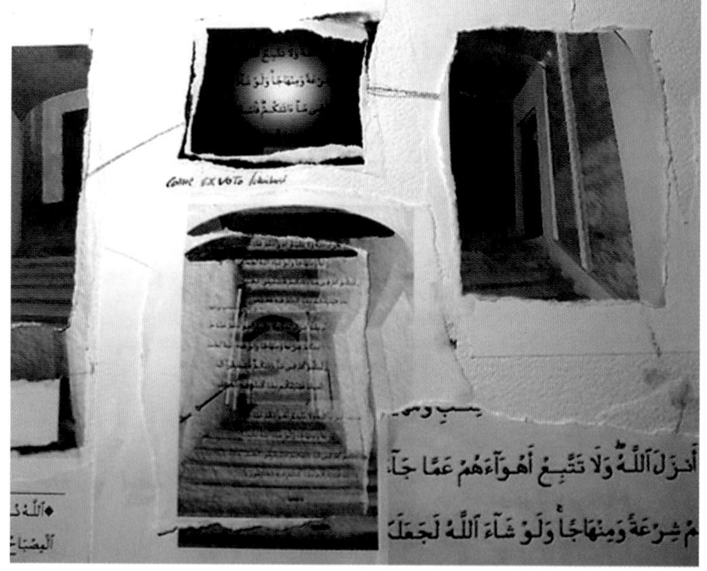

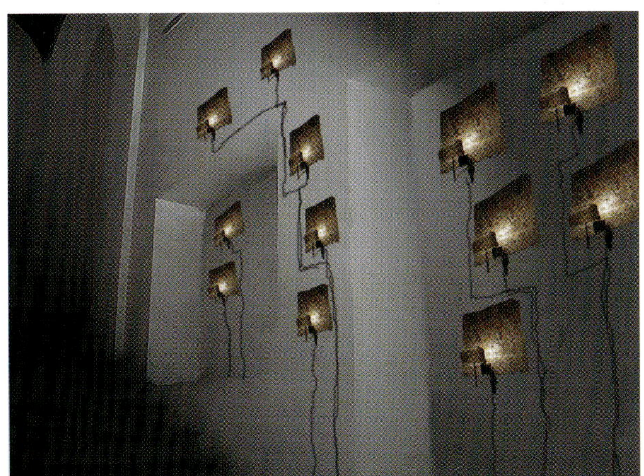

Bozzetto per *Il Nome disse Luce*
(2003)

Drawing for The Name Said Light
(2003)

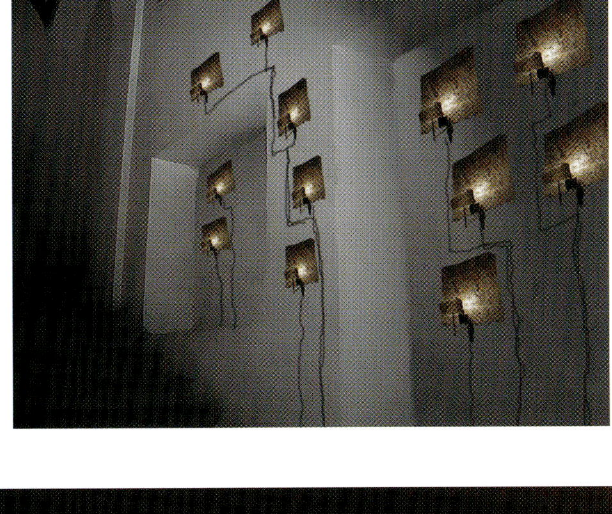

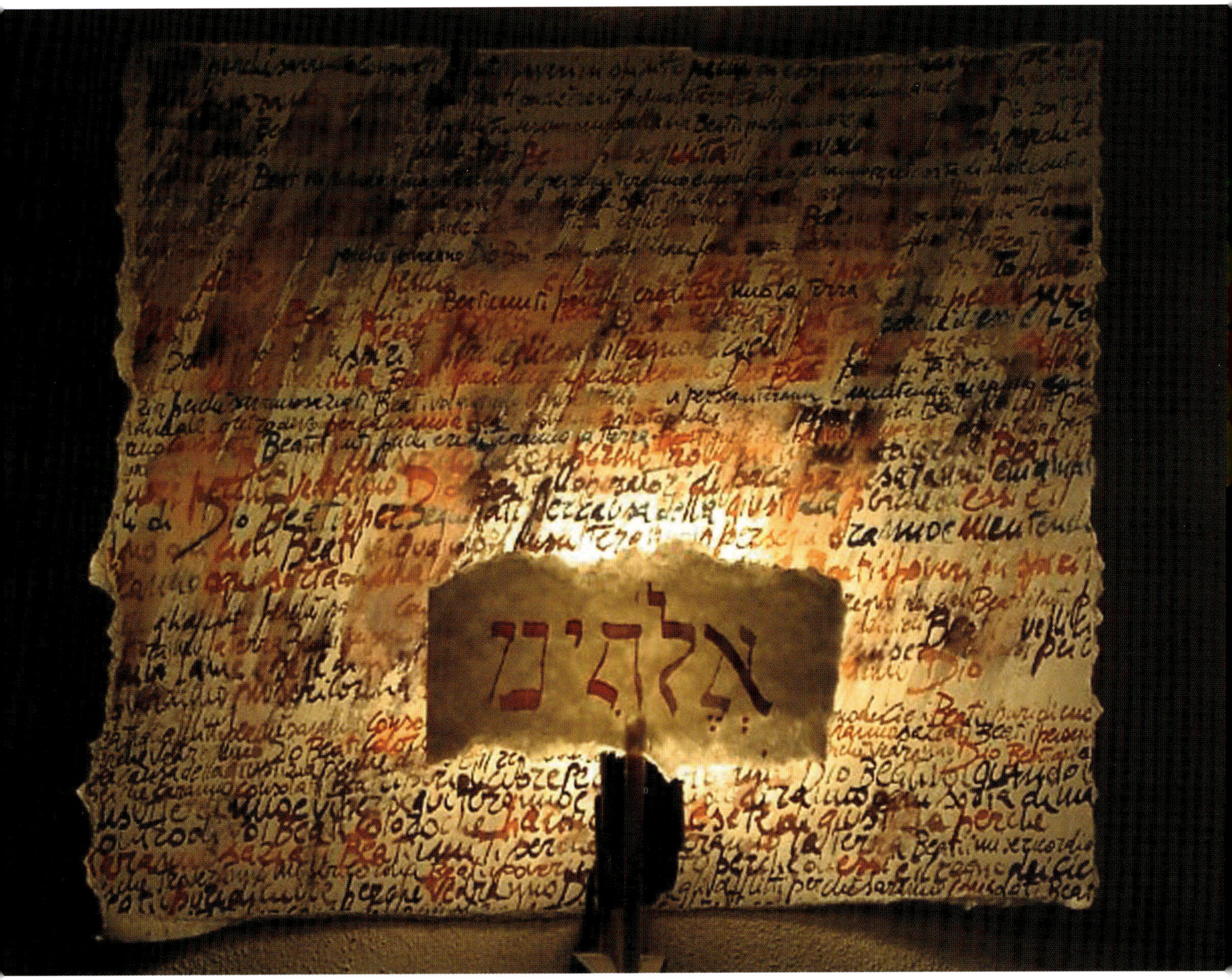

Vadim Fishkin

Uskorenie Vremeni
Un giorno veloce
A Speedy Day

Progetto luci
Lighting design
A.J. Weissbard

Nel corso della nostra vita, ciascuno di noi
sperimenta il passare del tempo come un ciclo
immutabile di giorni e notti che si susseguono
l'uno dopo l'altra ritmicamente; ogni periodo di
24 ore varia solo leggermente da quello che l'ha
preceduto nello scorrere dei mesi e delle stagioni.
Nella stanza che ho voluto realizzare, la luce non
cambia più secondo il ritmo della natura, ma
secondo un "orologio veloce".
Sul suo visualizzatore il tempo scorre nel suo "ritmo
veloce".
La luce del giorno e quella della notte si seguono
secondo il ritmo dell'"orologio elettronico": ad
esempio, 24 ore "passano" in 12 minuti. Se fossimo
su un ipotetico "missile" che si allontana dalla Terra
con una velocità di 299,782 km/sec (solo 10 m/sec
meno della velocità della luce), questi 12 minuti
diventerebbero il "giorno" dell'"orologio terrestre".
Altre possibilità possono essere calcolate, sulla base
di differenti velocità.
La velocità dell'"orologio" va calcolata sempre con
la formula:

$$t = \frac{t_0}{\sqrt{1 - \dfrac{v^2}{c^2}}}$$

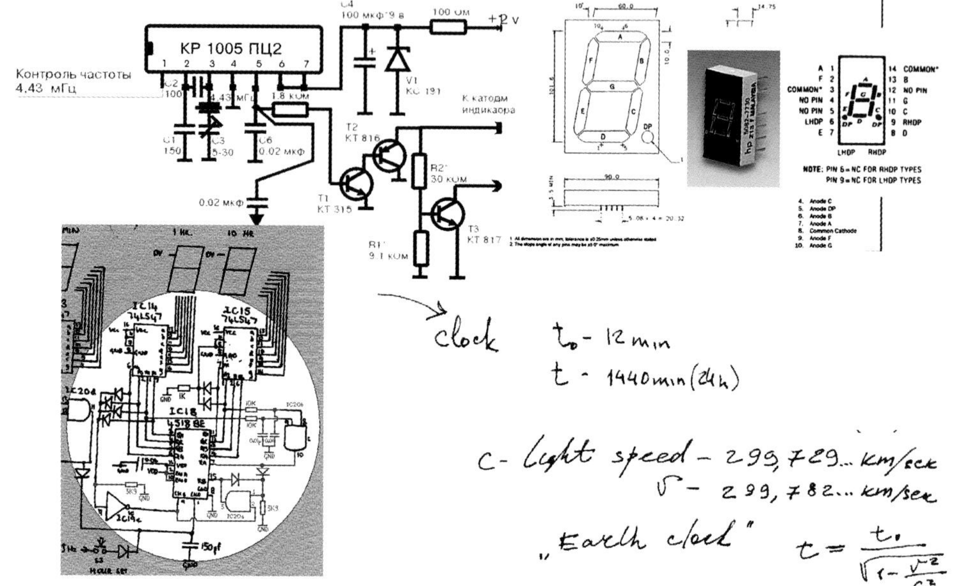

*In the course of our lives, all of us experience the
passage of time as an immutable cycle of days and
nights that follow each other rhythmically, each
24-hour period varying only slightly from that
which proceeded it as the months and seasons
pass.
I wanted to create in the room a light that is no
longer changing according to that natural rhythm,
but according to a "fast clock."
On its electronic display, time runs according to
its own "fast rhythm."
"Daylight" and "nightlight" follow one another to
the rhythm of the "electronic clock."
For example, 24 hours "pass" in 12 minutes. If we
were on a hypotetical "rocket" moving away from
the Earth at a speed of 299,782 km/sec (which is
only 10 m/sec slower than the speed of light),
these 12 minutes would become the "day" of the
"earth's clock."
Several different options could be calculated based
on several different "speeds."
The speed of the "clock" is calculated with the
formula:*

$$t = \frac{t_0}{\sqrt{1 - \dfrac{v^2}{c^2}}}$$

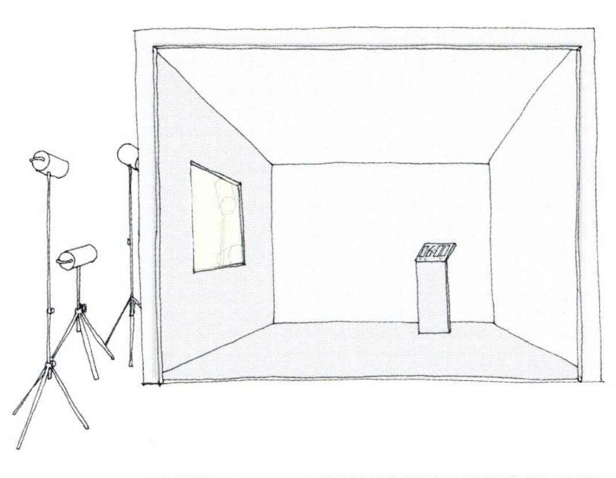

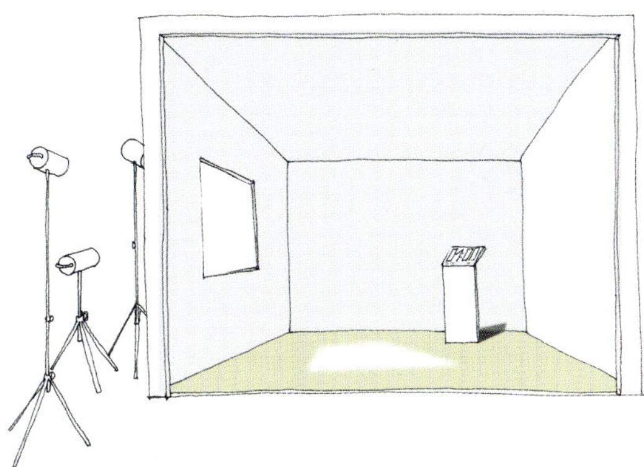

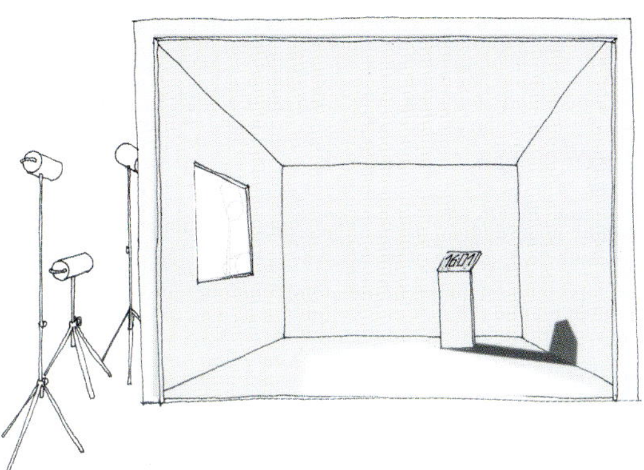

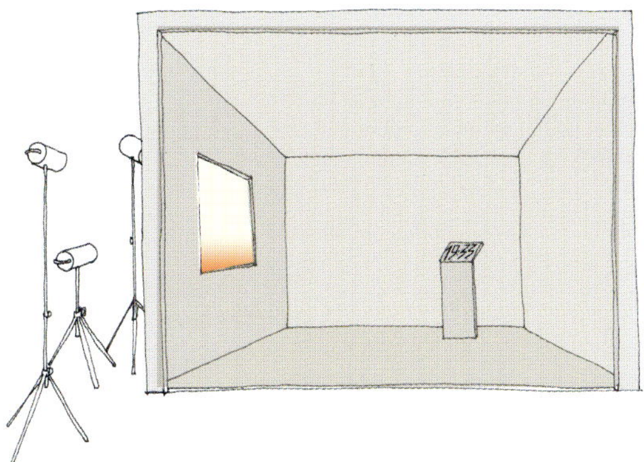

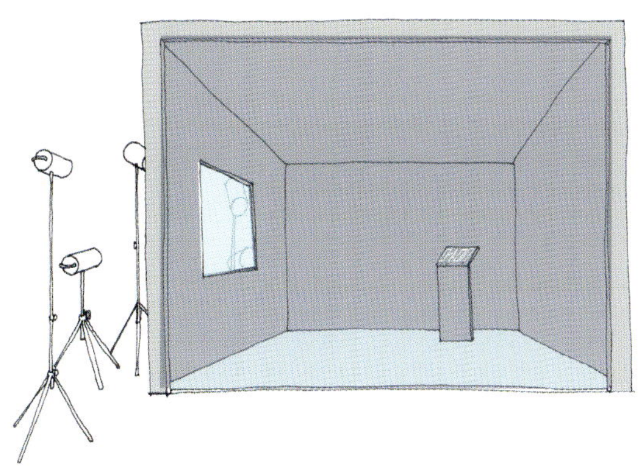

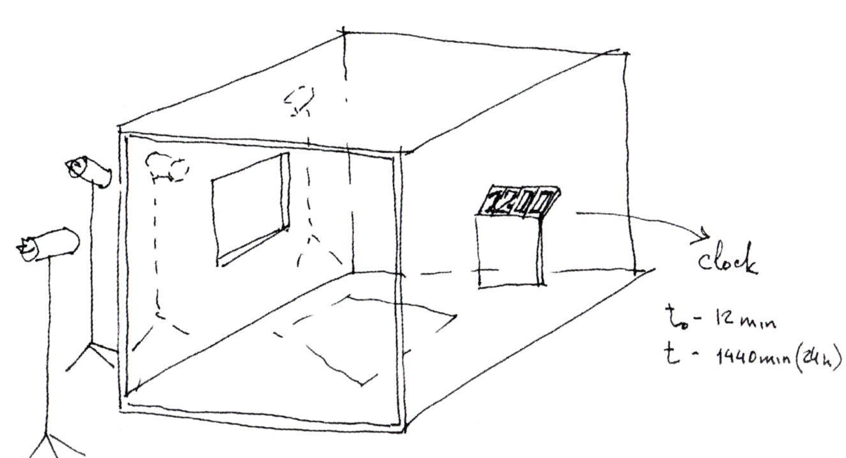
clock
$t_0 - 12\,min$
$t - 1440\,min\,(24h)$

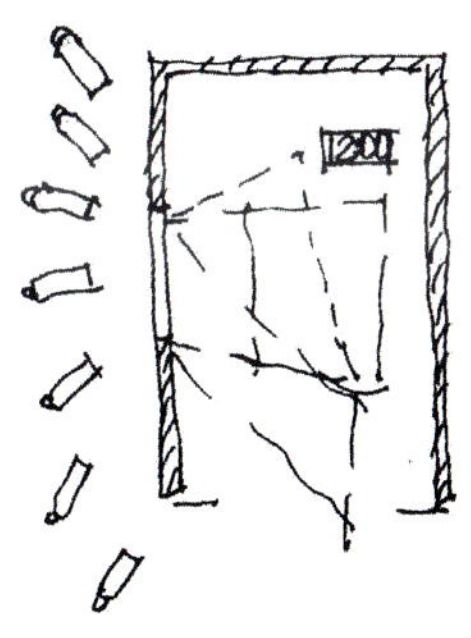
c - light speed - 299,792... km/sec
v - 299,782... km/sec
„Earth clock"
$t = \dfrac{t_0}{\sqrt{1 - \dfrac{v^2}{c^2}}}$

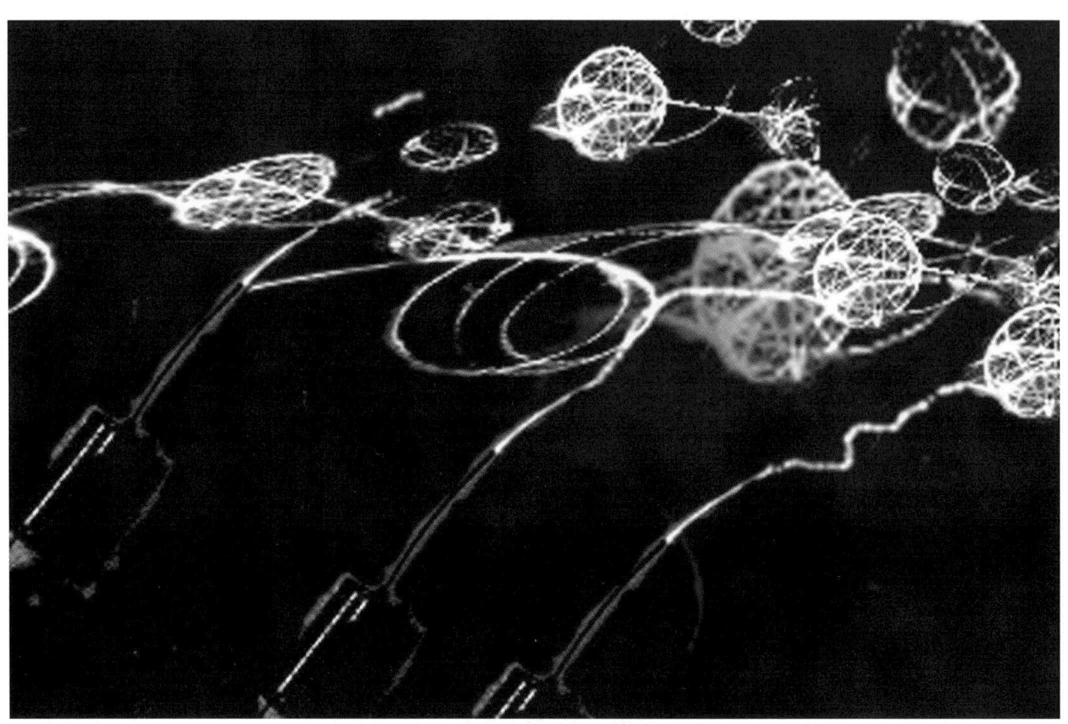

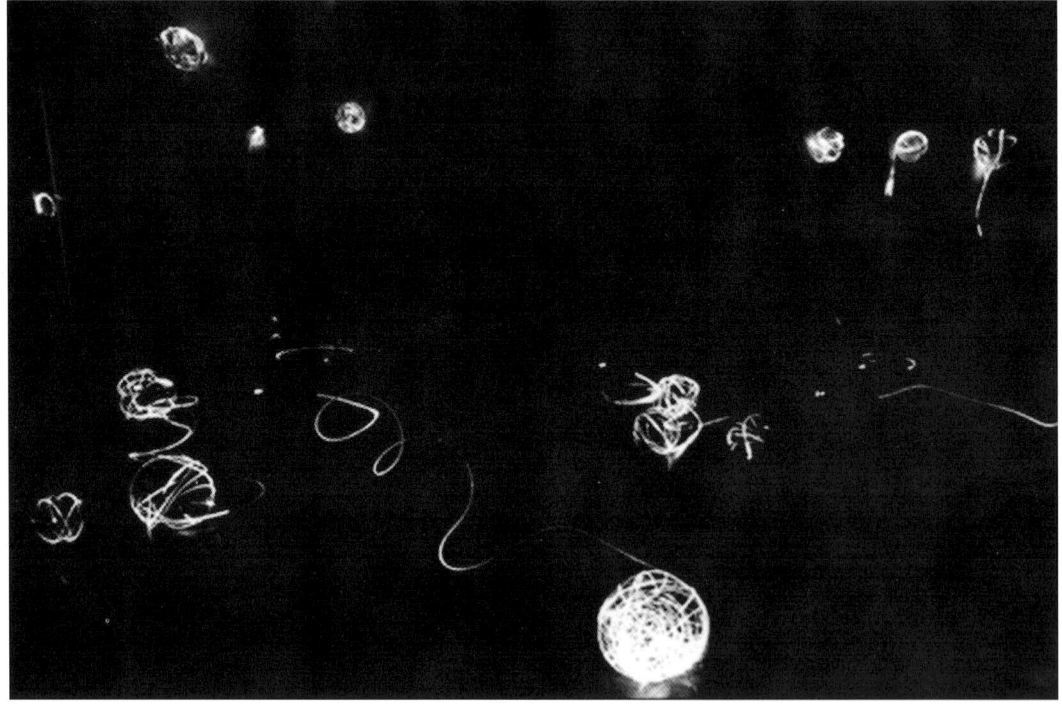

Robyn Backen

Eternal Silence
Eterno silenzio

Eterno Silenzio (2003)   Eternal Silence *(2003)*
Bozzetto per *Eterno Silenzio* (2003)   *Drawing for* Eternal Silence *(2003)*

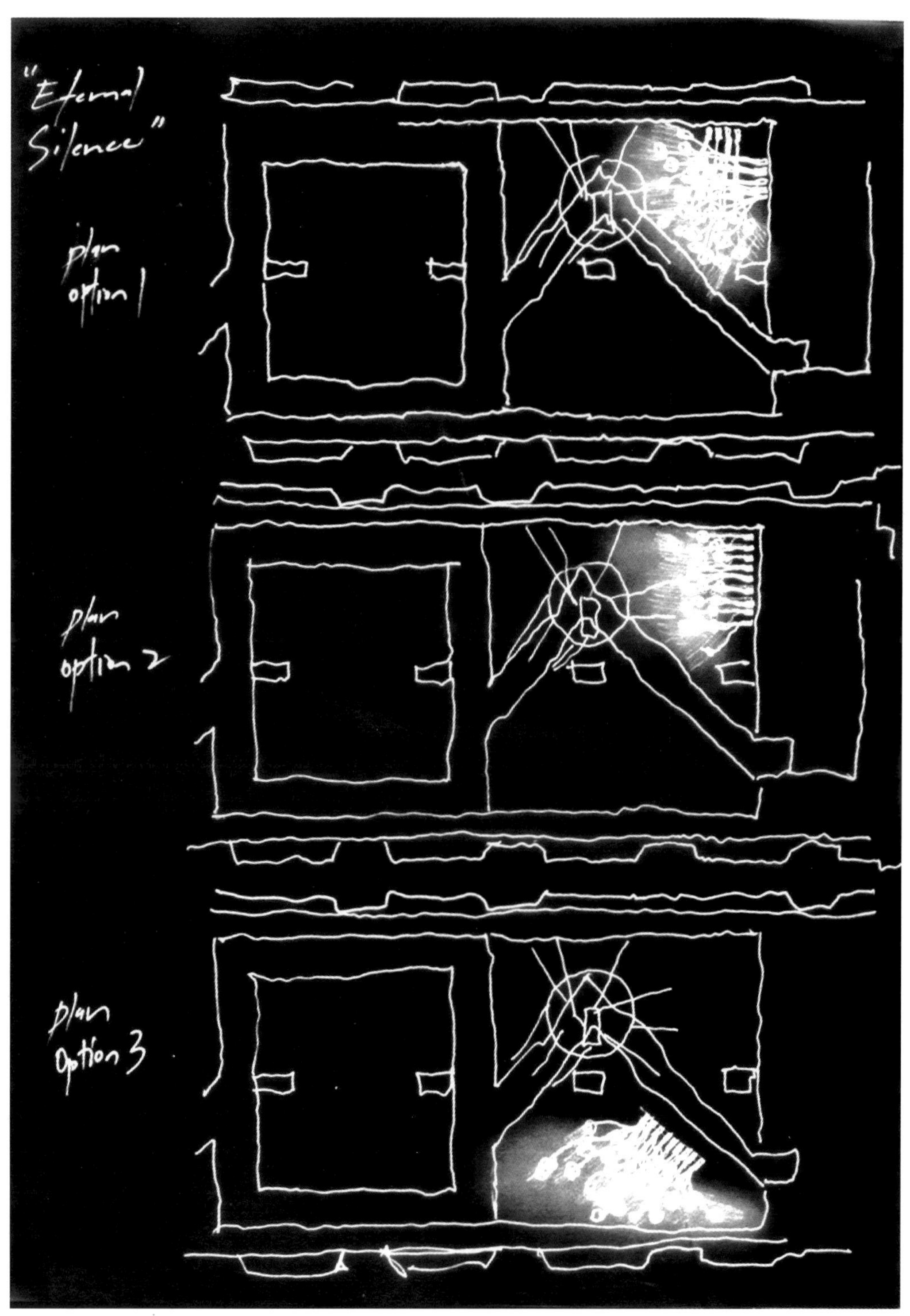

"Eternal Silence"
plan option 1
plan option 2
plan option 3

Peter Bottazzi
Ritsue Mishima

Luna di Saturno
Moon of Saturn

Maestro vetraio
Glass master
Andrea Zilio

Levigatore
Master polisher
Giacomo Barbini

Laboratorio scenografico
Scene shop
Agorà

Composizioni musicali
Original music
Alberto Morelli
Stefano Scarani

Coordinamento
Coordination
Jean Blanchaert

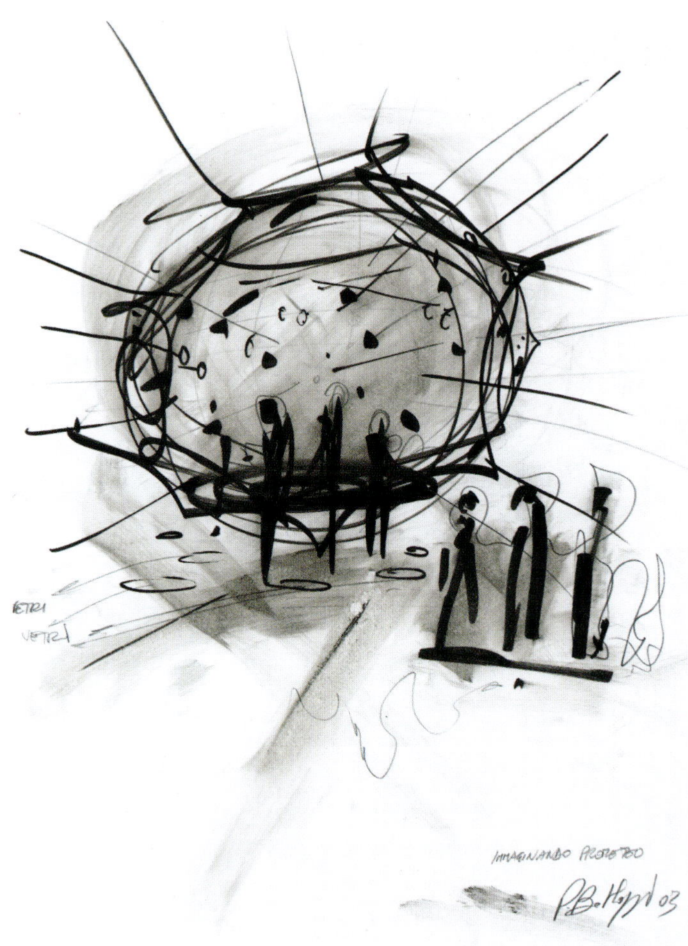

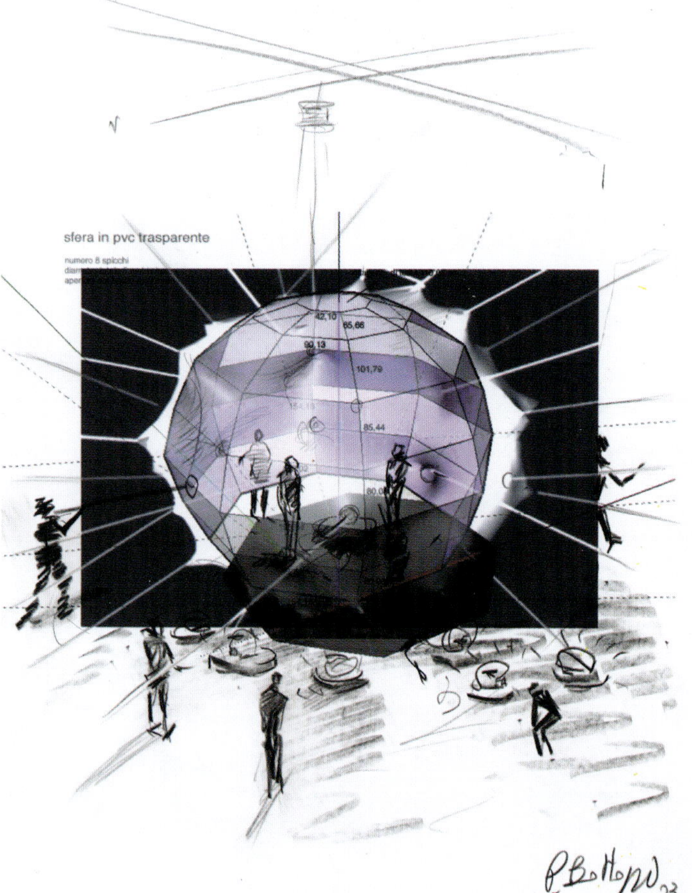

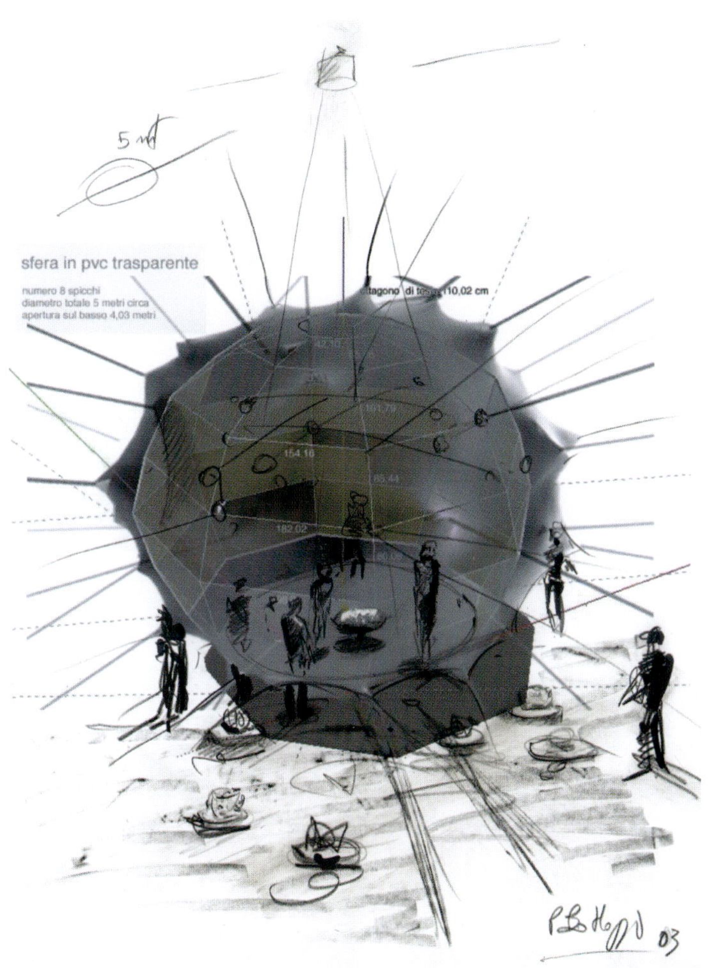
5 mt
sfera in pvc trasparente
numero 8 spicchi
diametro totale 5 metri circa
apertura sul basso 4,03 metri
ettagono di testa 10,02 cm
154.16
85.44
182.02

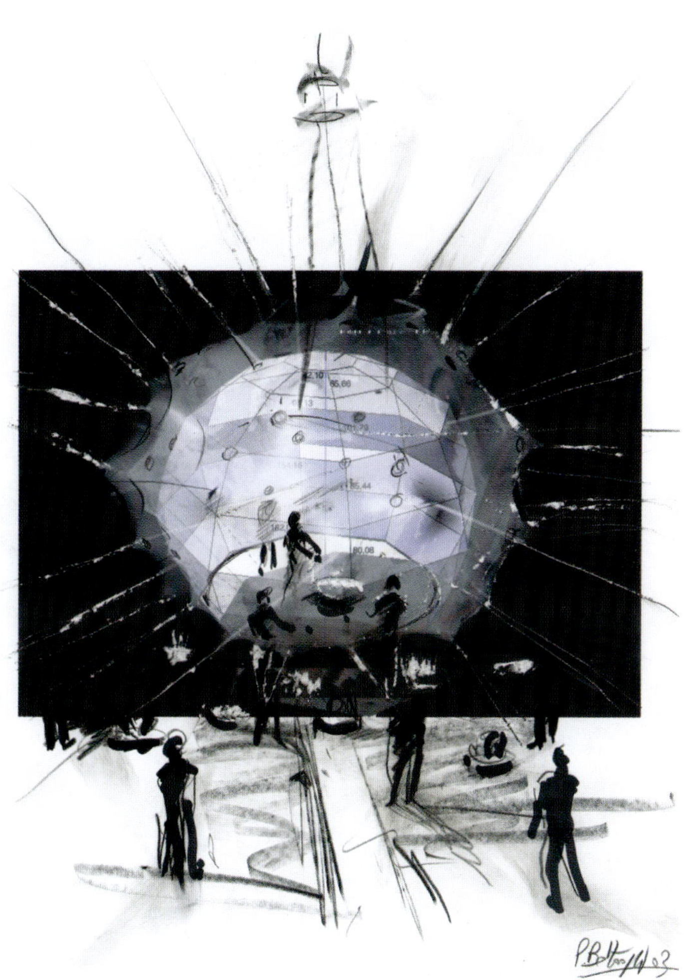

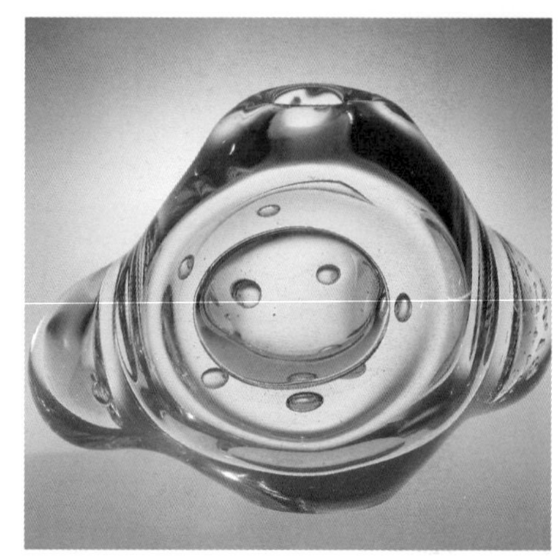

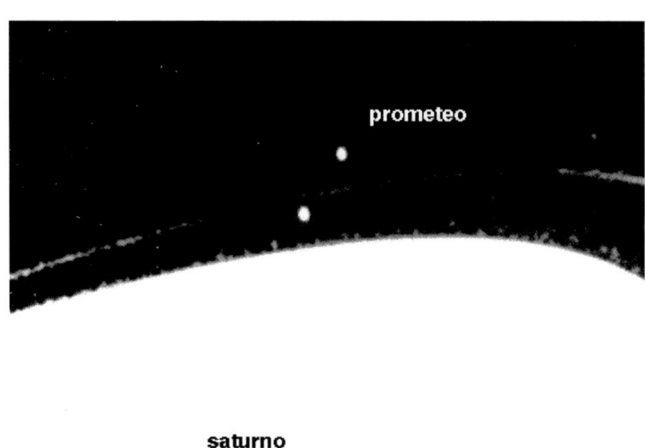
prometeo
saturno

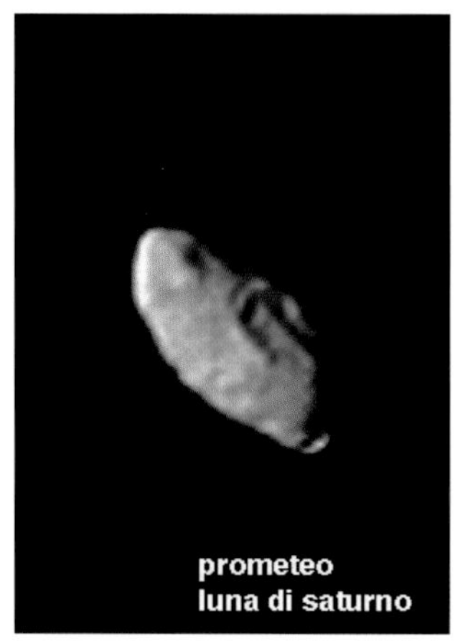
prometeo
luna di saturno

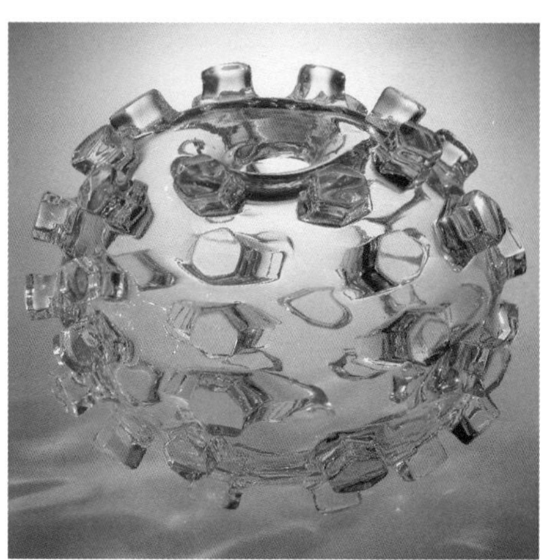

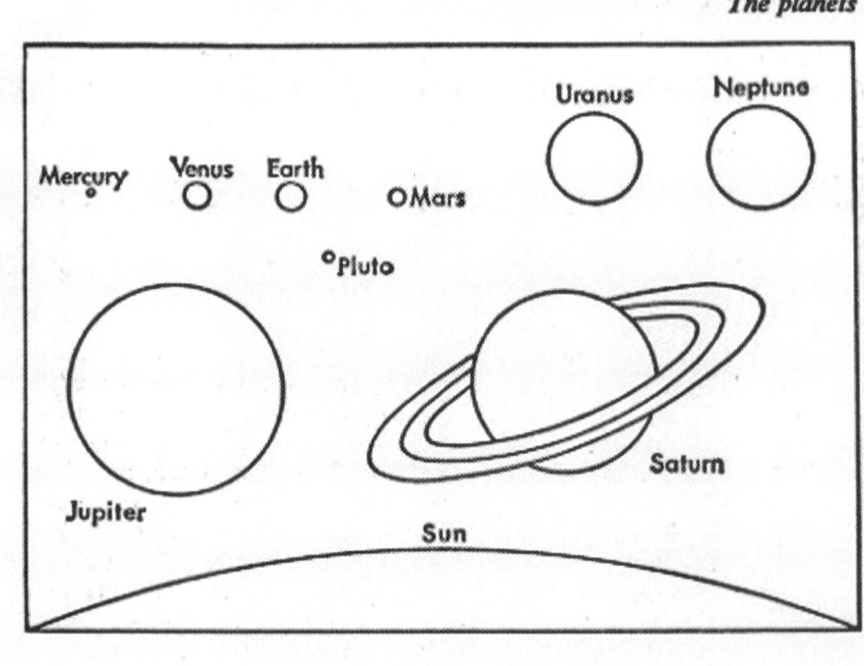
The planets
Uranus
Neptune
Mercury
Venus
Earth
Mars
Pluto
Jupiter
Saturn
Sun

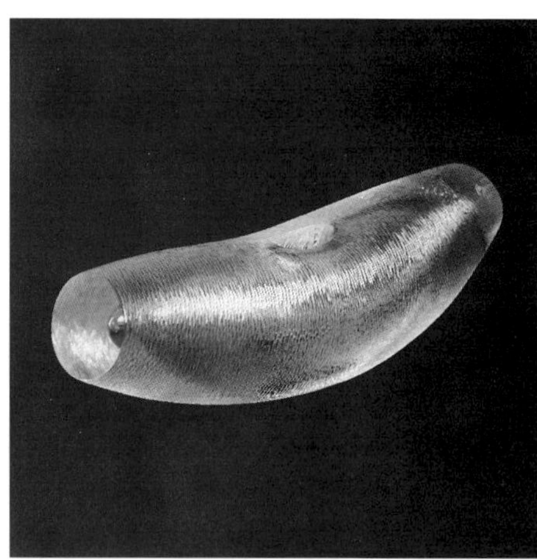

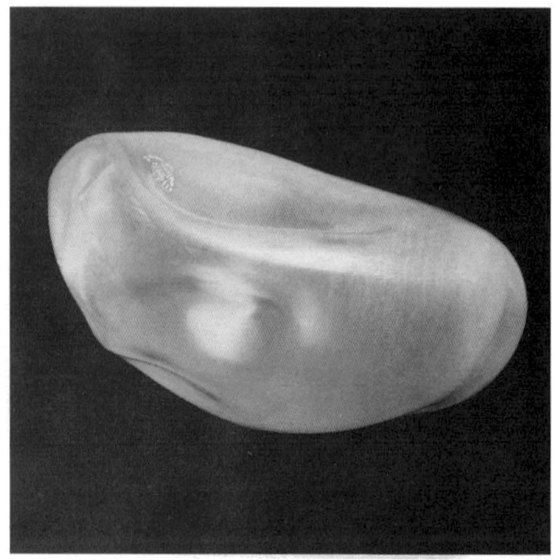

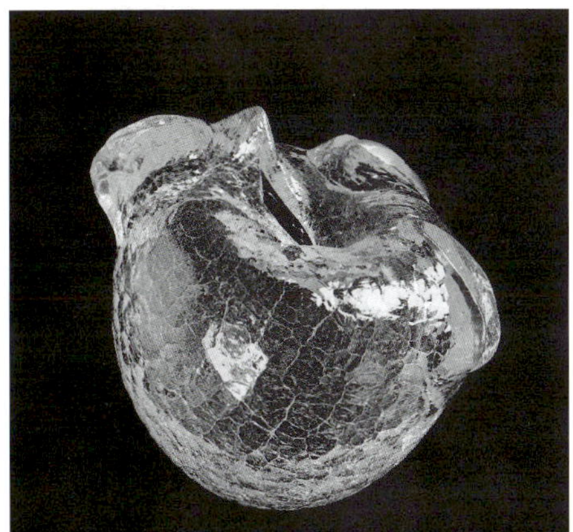

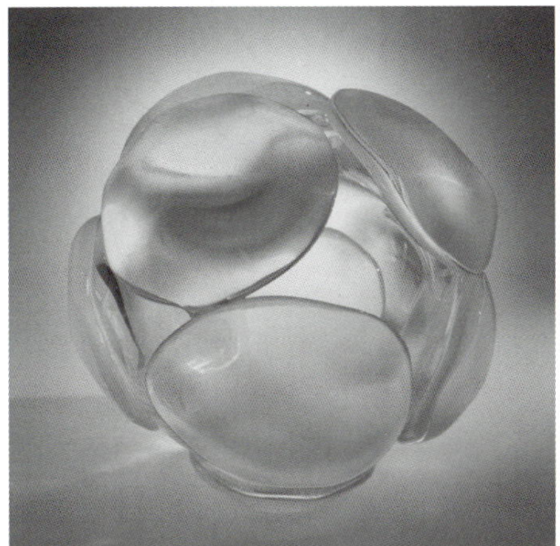

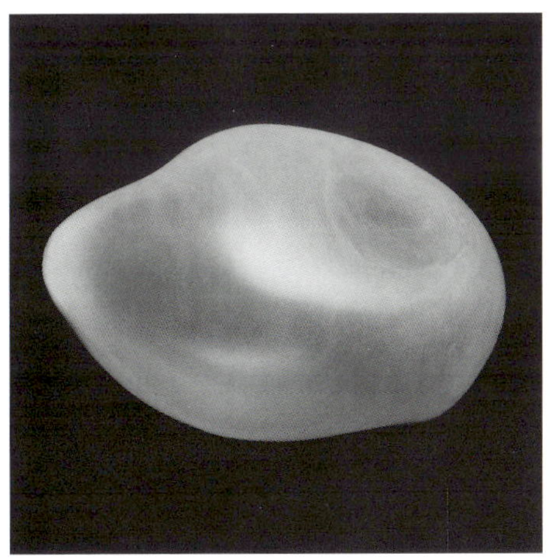

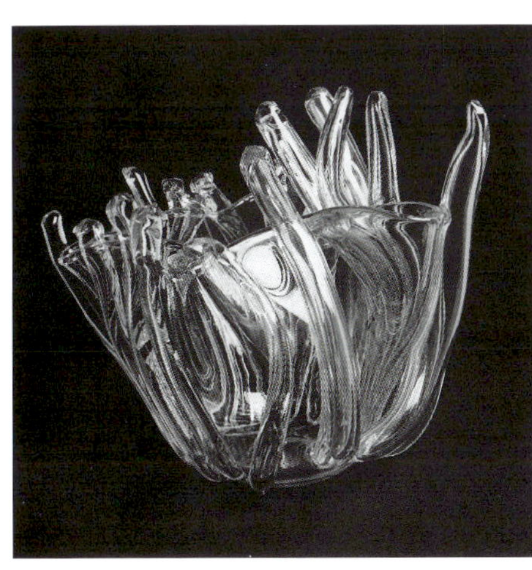

Opere in vetro di Ritsue Mishima

Ritratto di Ritsue Mishima

Glass artworks by Ritsue Mishima

Portrait of Ritsue Mishima

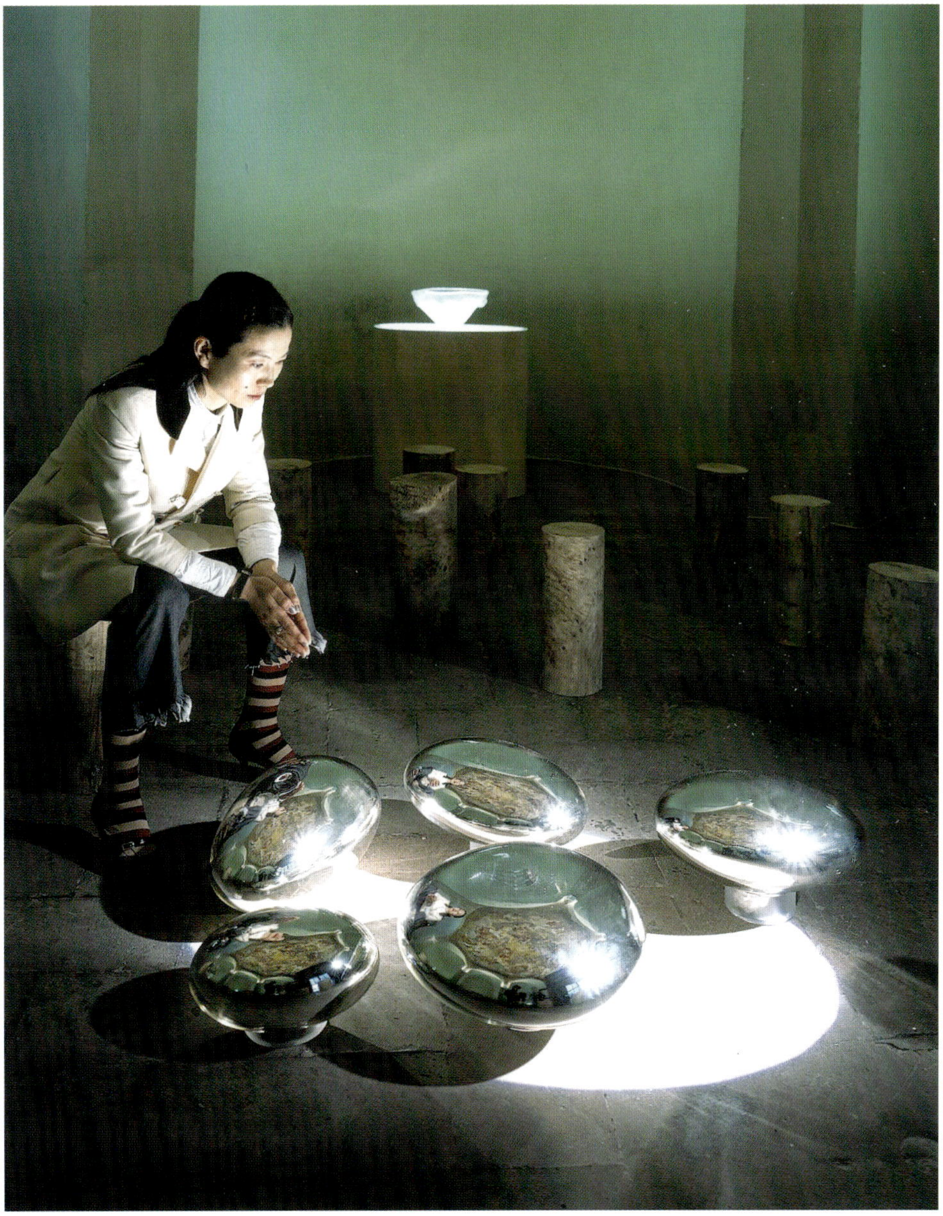

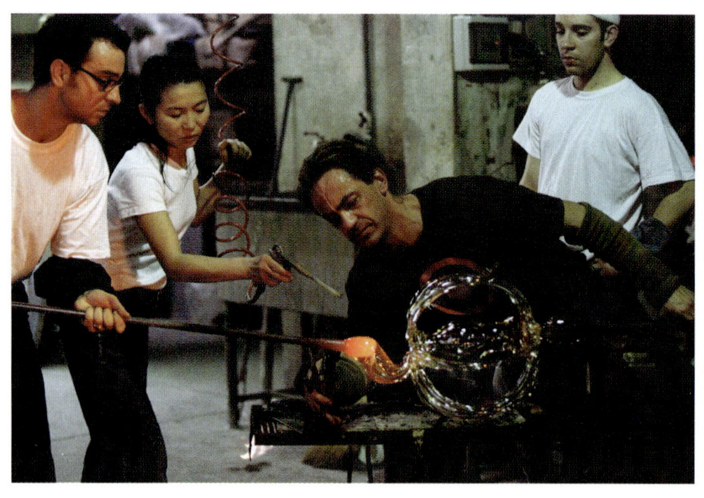
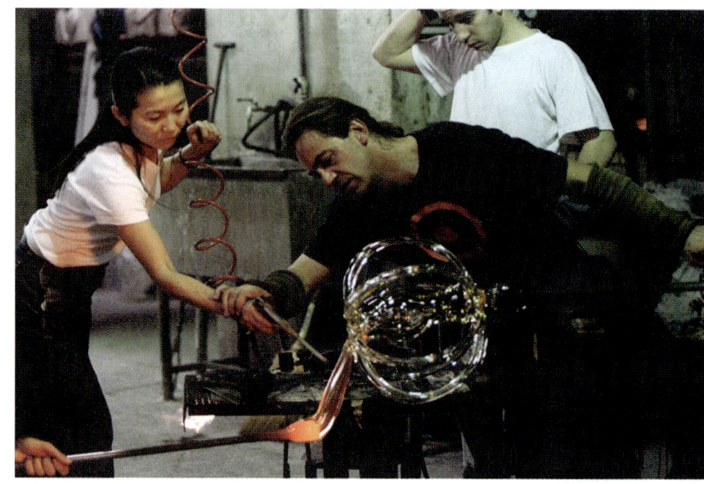
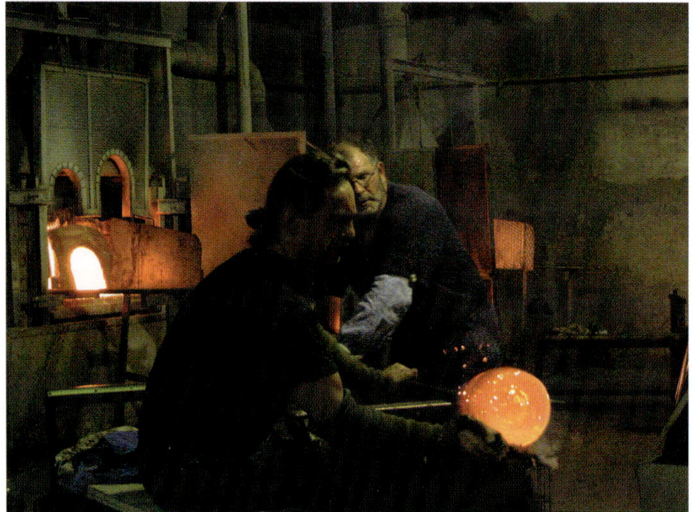
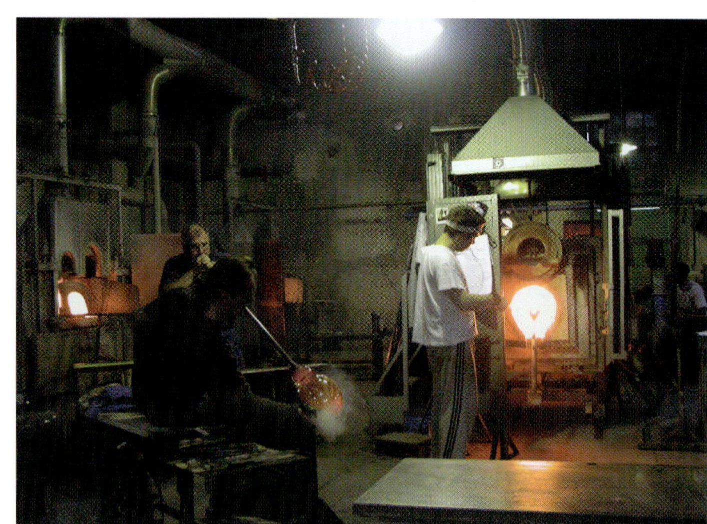

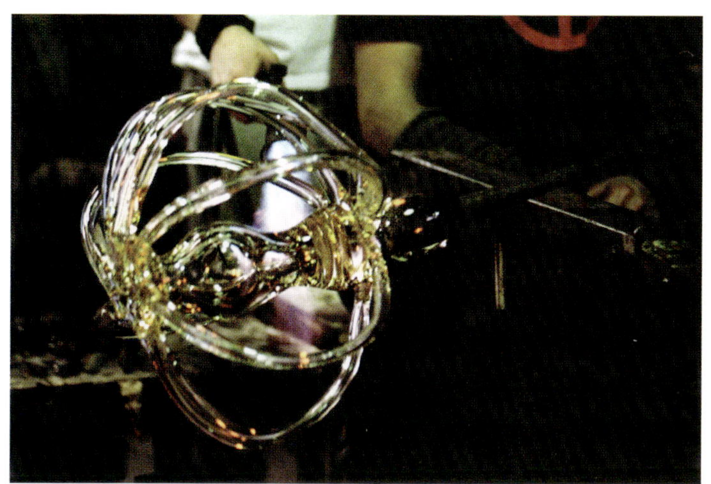

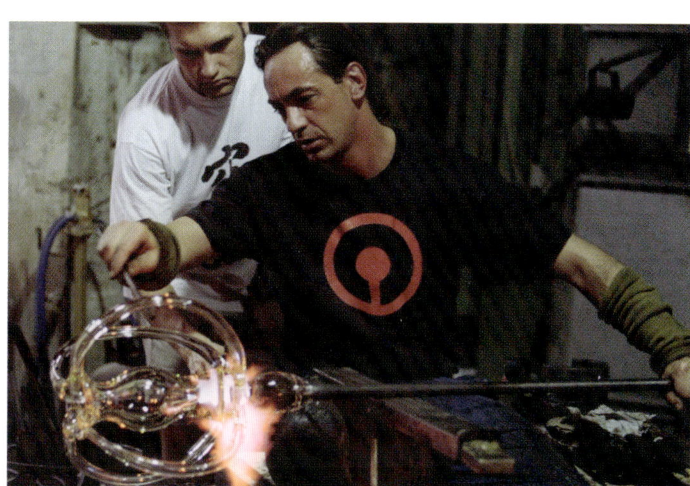

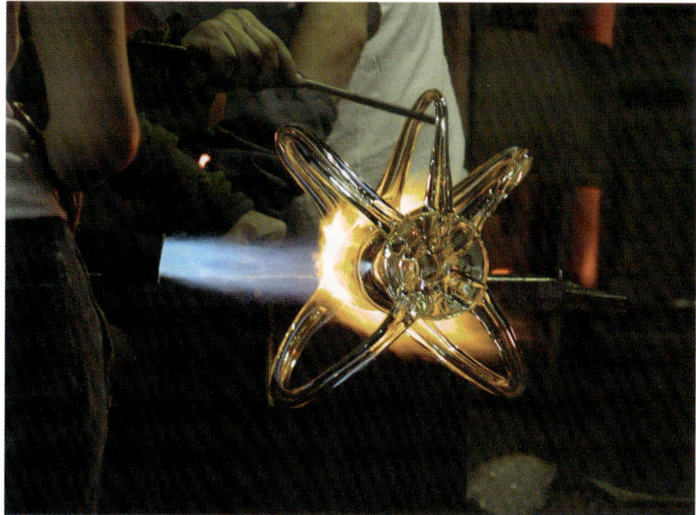

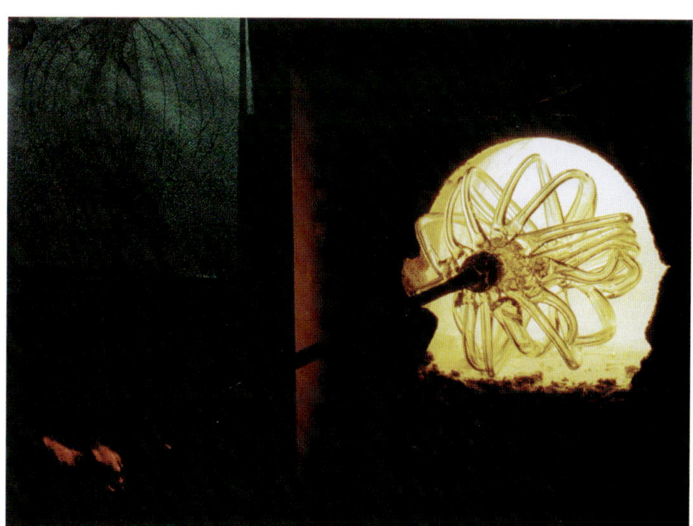

Heri Dono
Sukasman

Batara Surya Amok
Gli dei sono ancora in collera
The Gods Are Still Angry

Creatore delle ombre
Shadow puppet master
Sukasman

Dalang
Manipolatore delle ombre
Puppeteer
Mardoko Sawo Hadi Sana

Assistente
Assistant
Udreka Tokarso

Curatore
Curator
Willie Valentine

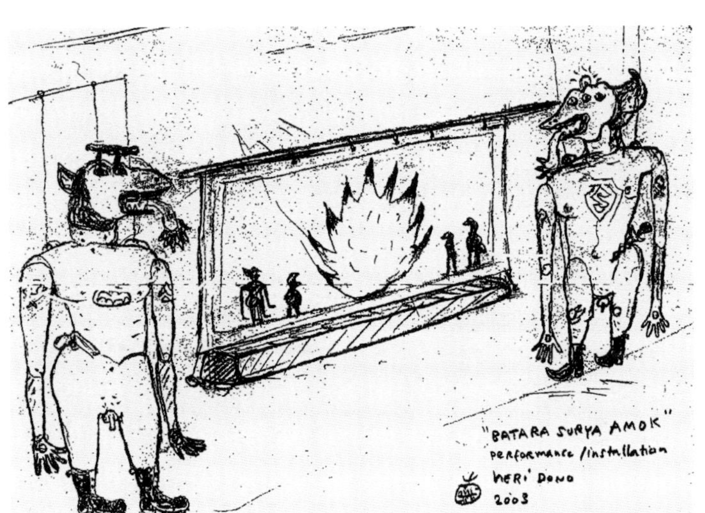

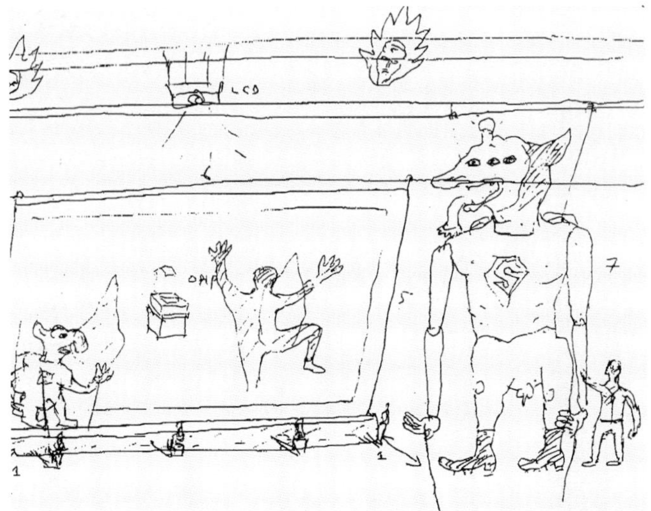

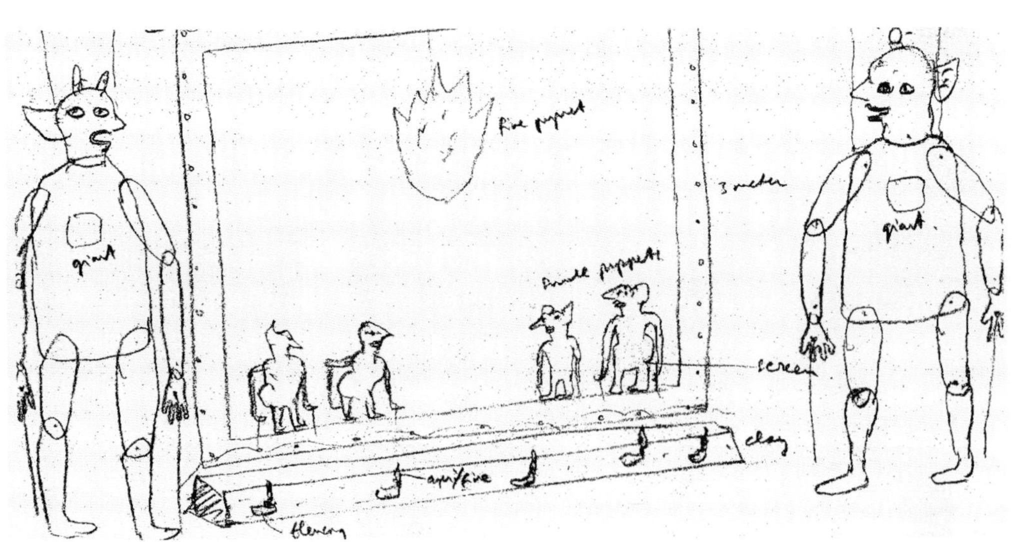

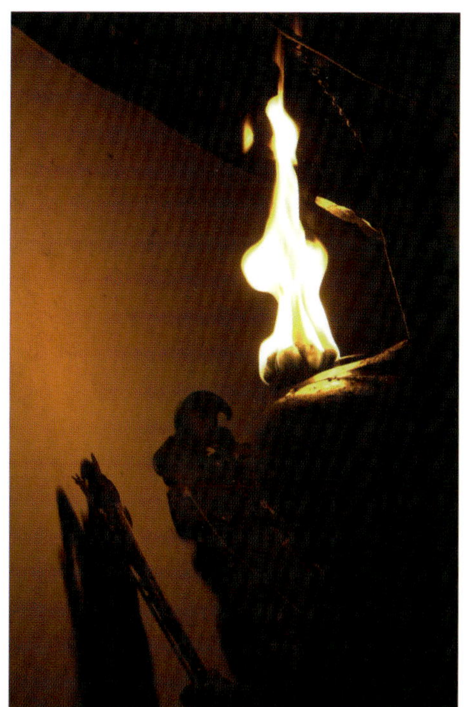

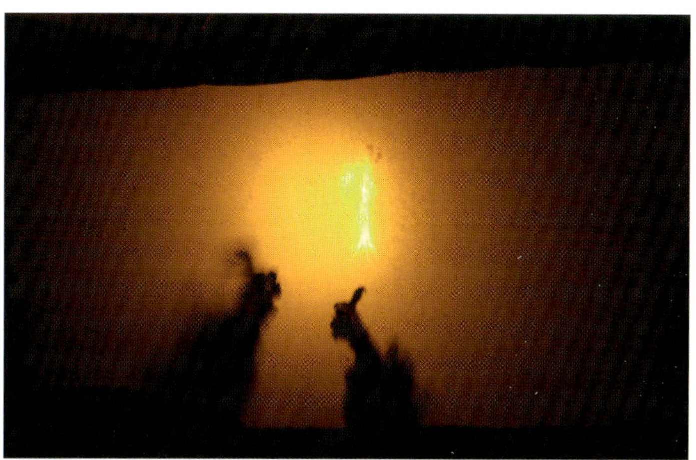

Disegni per *Batara Surya Amok –*
Gli dei sono ancora in collera (2003)

Teatro balinese delle ombre

Drawing for Batara Surya Amok –
The Gods Are Still Angry *(2003)*

Shadow theater of Bali

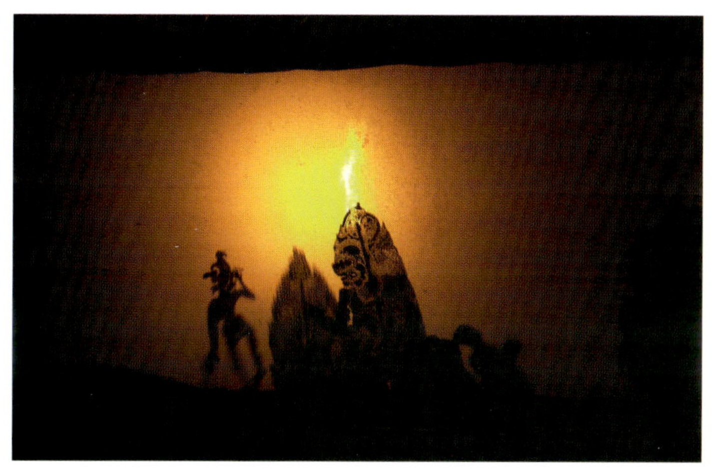

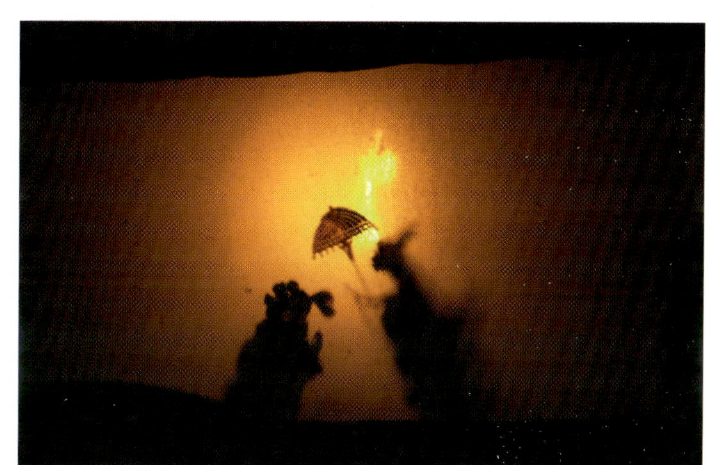

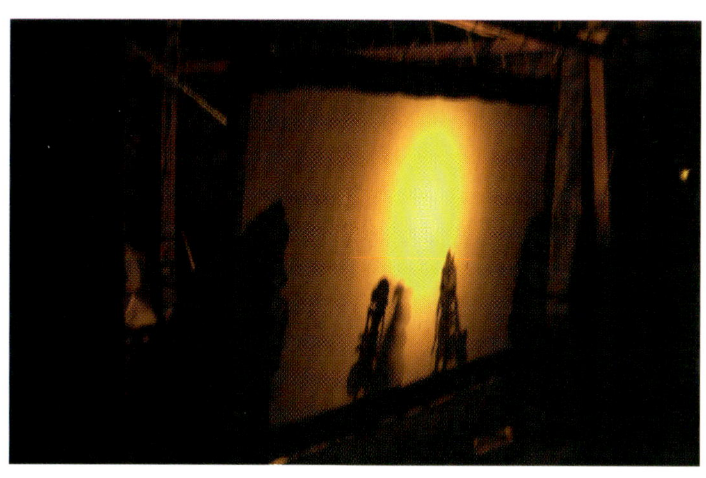

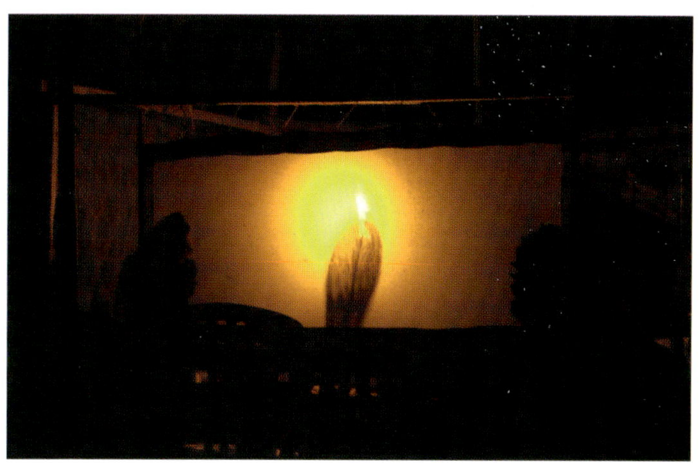

Lygia Pape

Ttéia

Costruzione
Construction
Ricardo Fortes

Coordinamento
Coordination
Mariana Lanari, Paula Pape

Curatore
Curator
Marcello Dantas

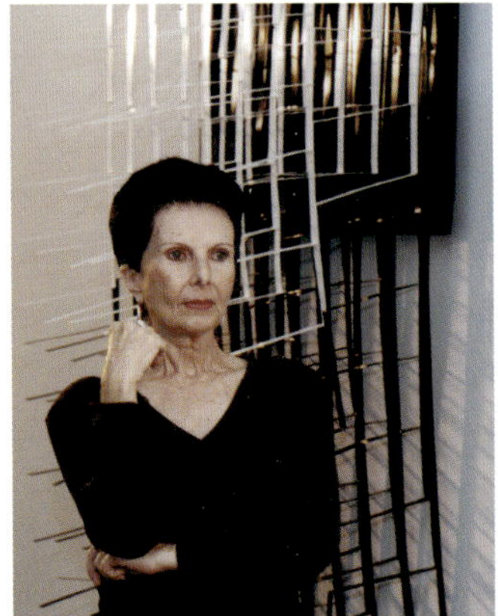

Lygia Pape doma la luce

La luce è fonte infinita di fascino. Tentare di scoprire la sua natura è stata una sfida costante per la Scienza e per l'Arte. La luce è un argomento che riguarda ogni campo d'interesse con un potere straordinario. Lavorare con la luce significa occuparsi di una forza che è allo stesso tempo sublime e folgorante. L'artista brasiliana Lygia Pape ha affrontato questa sfida con la sua opera a tutt'oggi più forte: *Ttéia*. Quest'opera costituisce un sistema che dà fisicità a ciò che è essenzialmente non fisico ed è un gioco di mistero e rivelazione allo stesso tempo. Usando un fascio di sottili fili di metallo, che assumono la forma di raggi, Lygia Pape costruisce la percezione tridimensionale della luce. Ma questa percezione inganna l'occhio. Come la luce si attenua scendendo verso il pavimento, il volume raggiunto svanisce gradualmente. Ciò trasmette quella strana sensazione d'invisibilità che si ha di fronte a ciò che si sa che esiste ma non può essere percepito.

Queste mille linee che si estendono diagonalmente dall'alto verso il basso rivelano un sistema. Un sistema visto inizialmente dall'artista come una ragnatela, ma sviluppato con l'aggiunta della sua personale sensibilità del moto continuo della città, che va avanti e indietro dando vita a una tela fatta di vie, simile a quella di un ragno. La parola *Ttéia* deriva dalla parola "teia" che vuole dire, appunto, tela. La luce è la chiave per capire una tela, crea una serie di sentieri che somigliano all'asse del movimento della luce costituito dai raggi. I raggi possono essere interpretati quindi come "il movimento della luce". *Ttéia* è un sistema creato per percepire l'intenzione della luce.

Un altro aspetto affascinante di *Ttéia* è la sua sconvolgente fragilità. Fragilità intesa nel senso che qualcosa di così importante come la direzione della luce sia tenuto insieme da un filo sottilissimo.

In questo senso *Ttéia* può trasmettere una sensazione di disagio. Va oltre l'effetto ottico, il fatto di poter essere distrutta da un semplice movimento provoca malessere, ma genera anche una tensione che contiene un'energia potenziale infinita.

Marcello Dantas

Lygia Pape: Mastering the Light

Light is a permanent source of fascination. Trying to reveal its nature has been a constant challenge for science and art. Light is an issue that affects all fields of interest with an immense power. Working with light is dealing with a force that is both sublime and overwhelming. Brazilian artist Lygia Pape faced the challenge with her most powerful work to date, Ttéia. This work carries within it a system that gives physicality to what is essentially nonphysical, and at the same time it plays a game of mystery and revelation. By using thin metallic lines placed in the form of rays, Lygia Pape achieves a three-dimensional perception of light. But this perception fools the eye. As the light fades down to the floor, the volume achieved gradually disappears. This causes a strange sensation of invisibility; what you consciously know exists can not be perceived.

These thousands of lines that stretch from top to bottom diagonally reveal a system: a system that the artist initially observed in a spider's web, but also developed from her sense of repeated movements across a city, going back and forth creating a web of vectors like a spider. The word Ttéia derives from the word "teia," meaning web. Light is key to the understanding of a web – it establishes a set of paths, analogous to the axis of light's movement, that are rays that can be translated as the "motion of light." Ttéia is a system created to perceive the intention of light.

Another aspect that attracts one to Ttéia is its amazing fragility. Its fragility is based on the idea that something as fundamental as the path of light can be kept together by something as minimal as a string. This creates a feeling of disturbance when confronting Ttéia. It goes beyond the optical effect and generates a physical discomfort, in that it can be destroyed by a simple movement. Yet it still carries a tension caused by holding a permanent potential energy.

Marcello Dantas

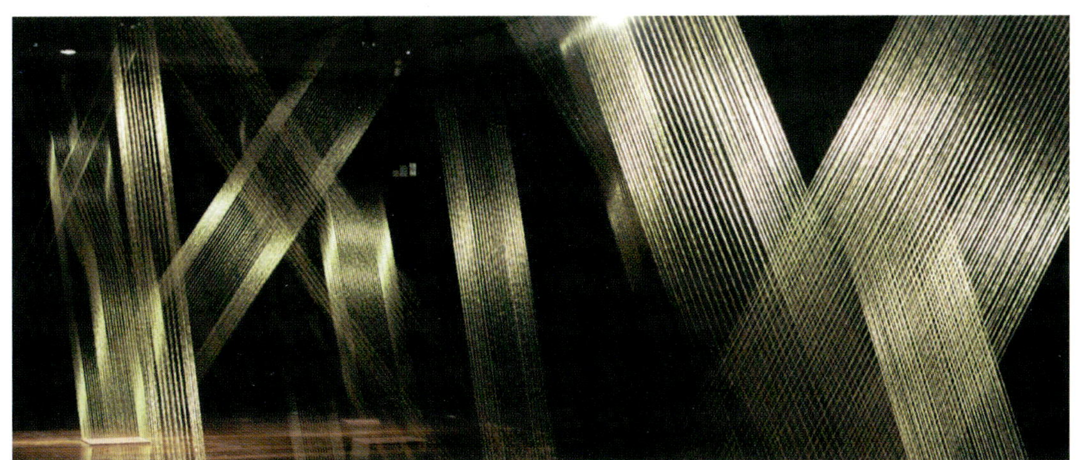

Ttéia (2003)

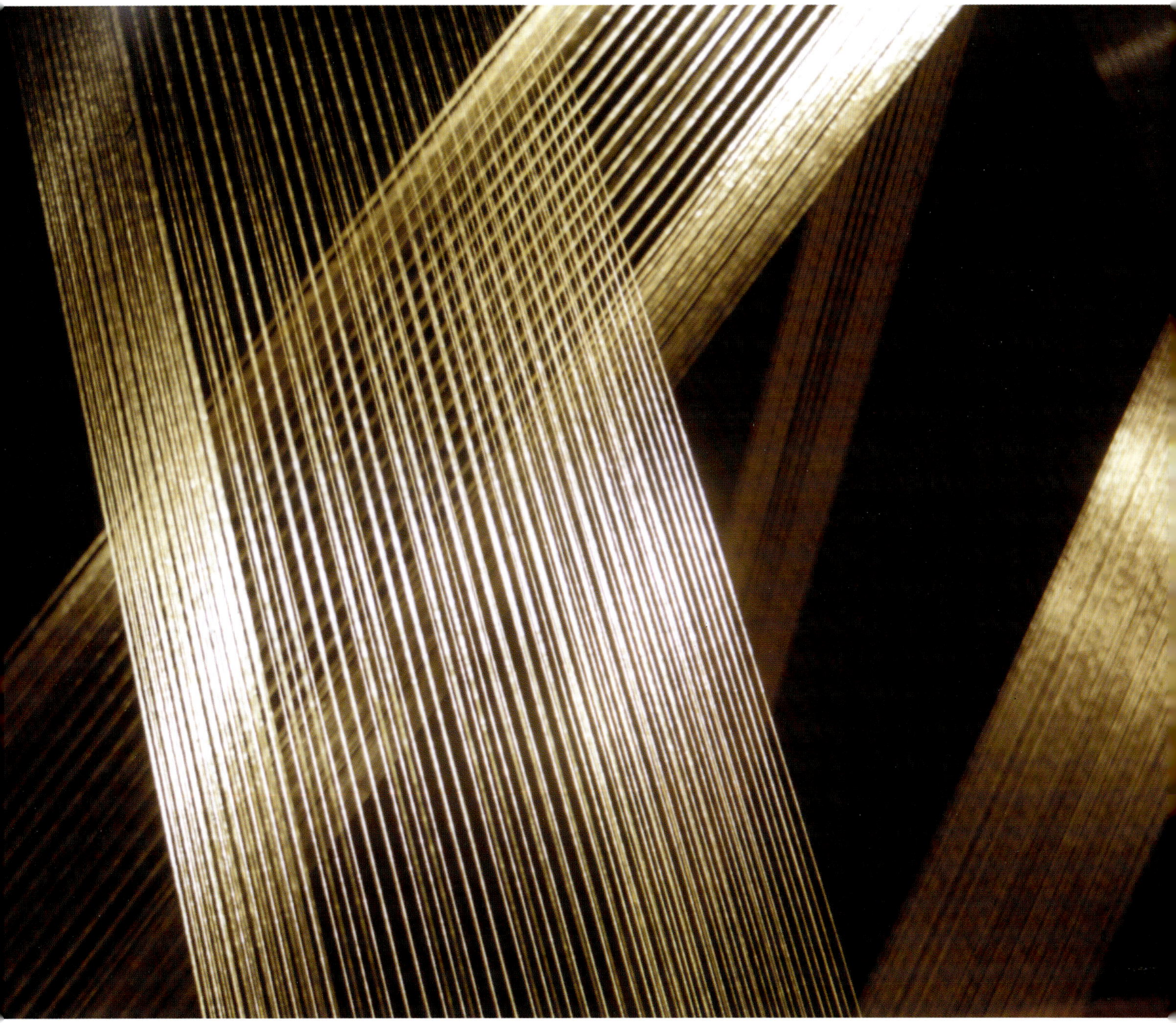

Wole Soyinka

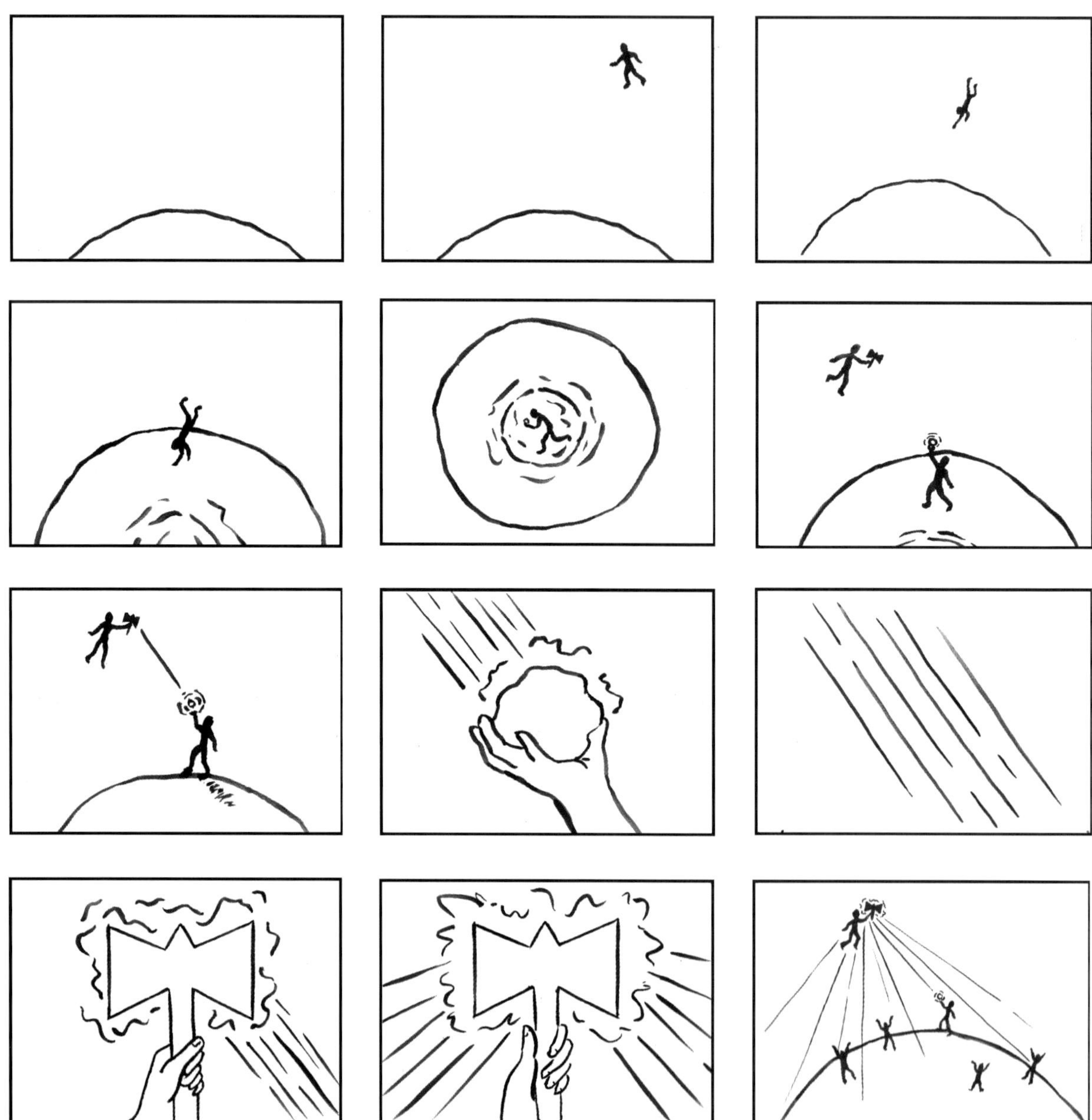

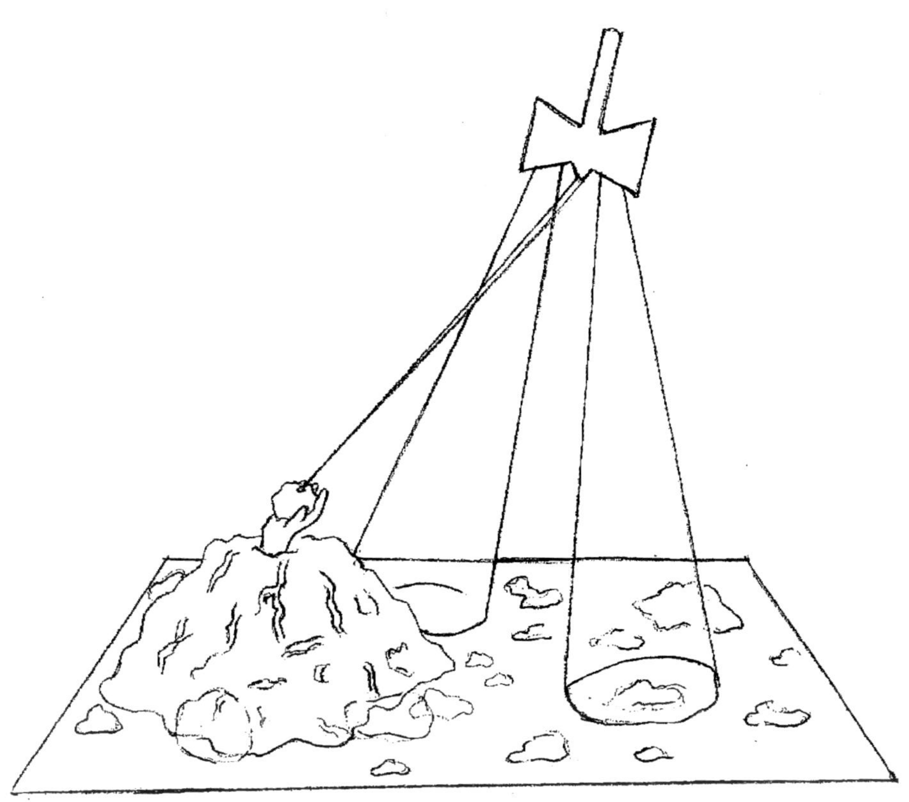

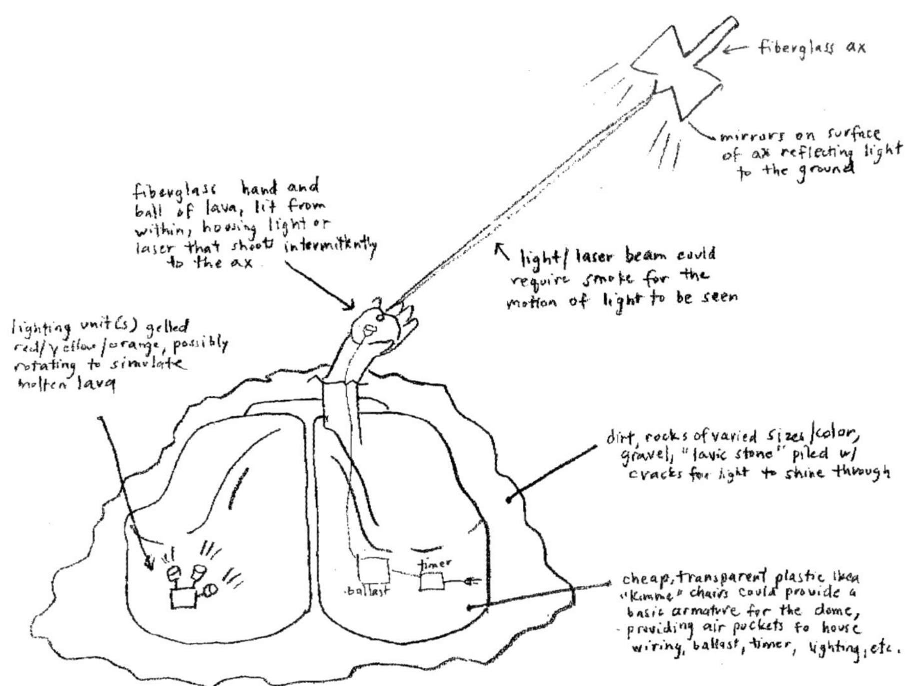

fiberglass ax
mirrors on surface of ax reflecting light to the ground
fiberglass hand and ball of lava, lit from within, housing light or laser that shoots intermittently to the ax
light/laser beam could require smoke for the motion of light to be seen
lighting unit(s) gelled red/yellow/orange, possibly rotating to simulate molten lava
dirt, rocks of varied sizes/color, gravel, "lavic stone" piled w/ cracks for light to shine through
ballast
timer
cheap, transparent plastic ikea "kimme" chairs could provide a basic armature for the dome, providing air pockets to house wiring, ballast, timer, lighting, etc.

Symphony of Sorrowful Songs
Sinfonia del canto dolente

Musica
Music
David Abir

Musica originale
Original music
Henryk Mikolaj Gorecki
(Symphony No. 3)

Cantante e interprete
Vocals/performer
Rebecca Comerford

Coordinatore di produzione
Line producer
Sol Tryon

Assistente di produzione
Line producer assistant
Theo Sena

Direttore della fotografia
Director of photography
Ben Wolf

Montatore
Editor
Sam Neive

Effetti digitali
Digital effects
David McManus

Fotografia di scena
Still photography
Larry Barns

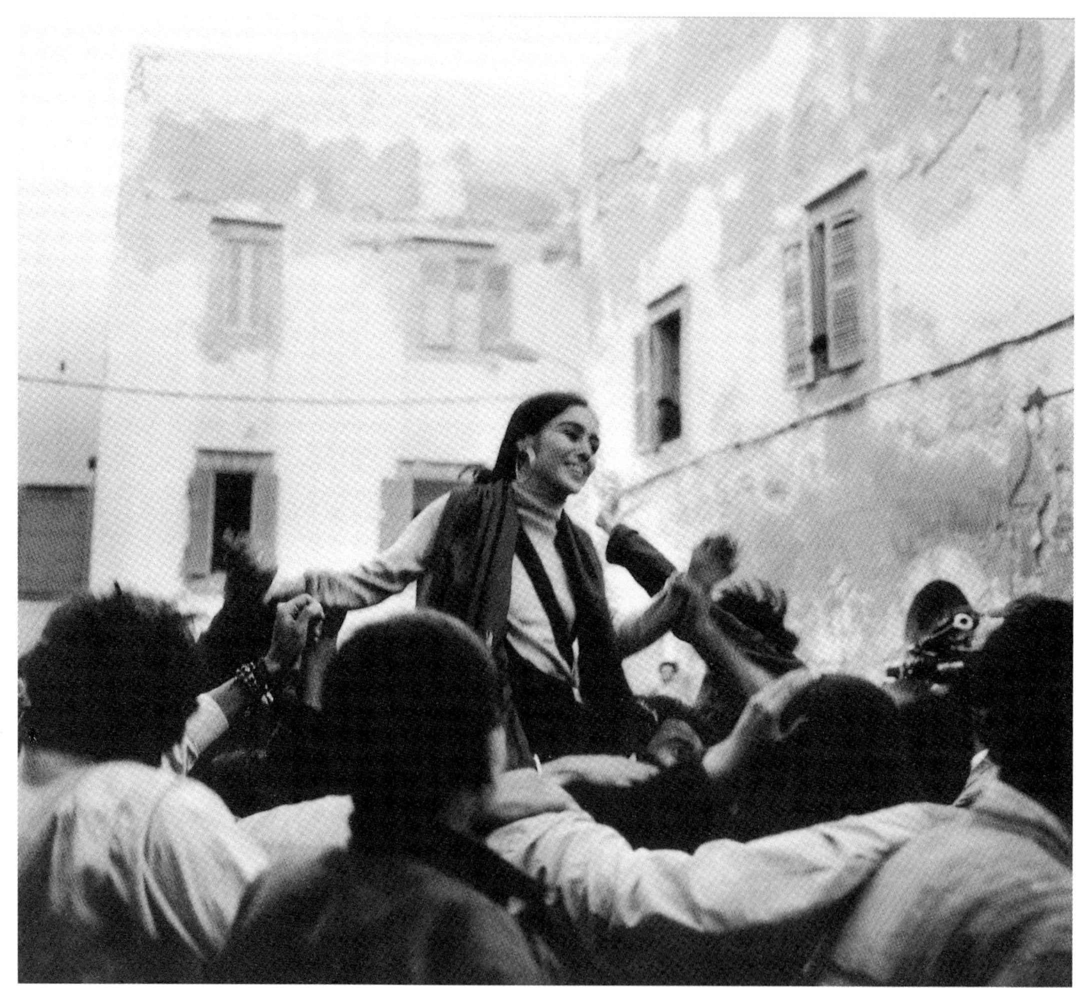

Stabat Mater Dolorosa

La madre, una rosa che arrossisce,
era in lacrime ai piedi della croce,
lo guardava scontare il destino di un criminale,
lui che non era colpevole di nessun reato.

E mentre stava in piedi con il cuore pieno
di dolore accanto a suo figlio,
la folla disputava raucamente.

Oh quanto straziante è stata la pena che hai
sofferto, madre piena di dolore,
quando hai ripensato alla felicità trascorsa
ormai trasformata in lamento.

Tutta la tua forza si è prosciugata
mentre tuo figlio stava là legato
sopportando il dolore e la morte

Che, cancellando tutta la nostra onta,
avrebbe radicato in noi
i doni della grazia e avrebbe esaudito
in noi la promessa del nostro eterno riposo.

Dal monastero Lysgira, Polonia
(1500 circa)

Stabat Mater Dolorosa

The mother stood, a blushing rose
in tears at the foot of the cross
as she saw him undergo a criminal's fate
who was guilty of no crime.

And as she stood with full heart
grieving beside her son
the crowd warred raucously.

O how grievous was the pain you
suffered, mother full of sorrows
when you recalled former joys
now all turned to lamentation.

All the life drained from you mother
while your son stood constrained there
bearing his pain and death

That, wiping away all our stain
he might plant firmly in us the
gifts of grace and might fulfill
in us what is promised in our eternal rest.

Taken from Lysgira Monestary, Poland
(c. 1500)

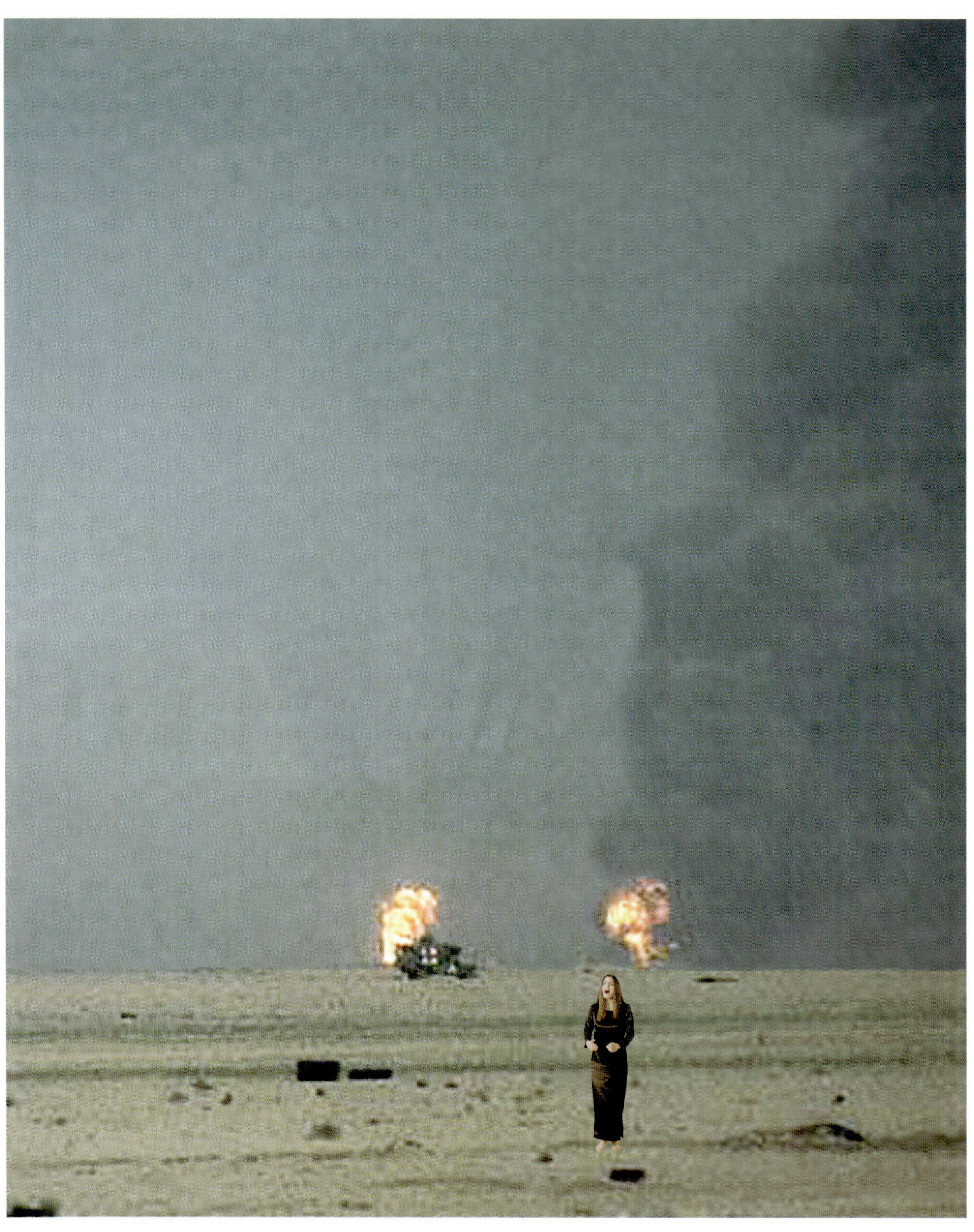

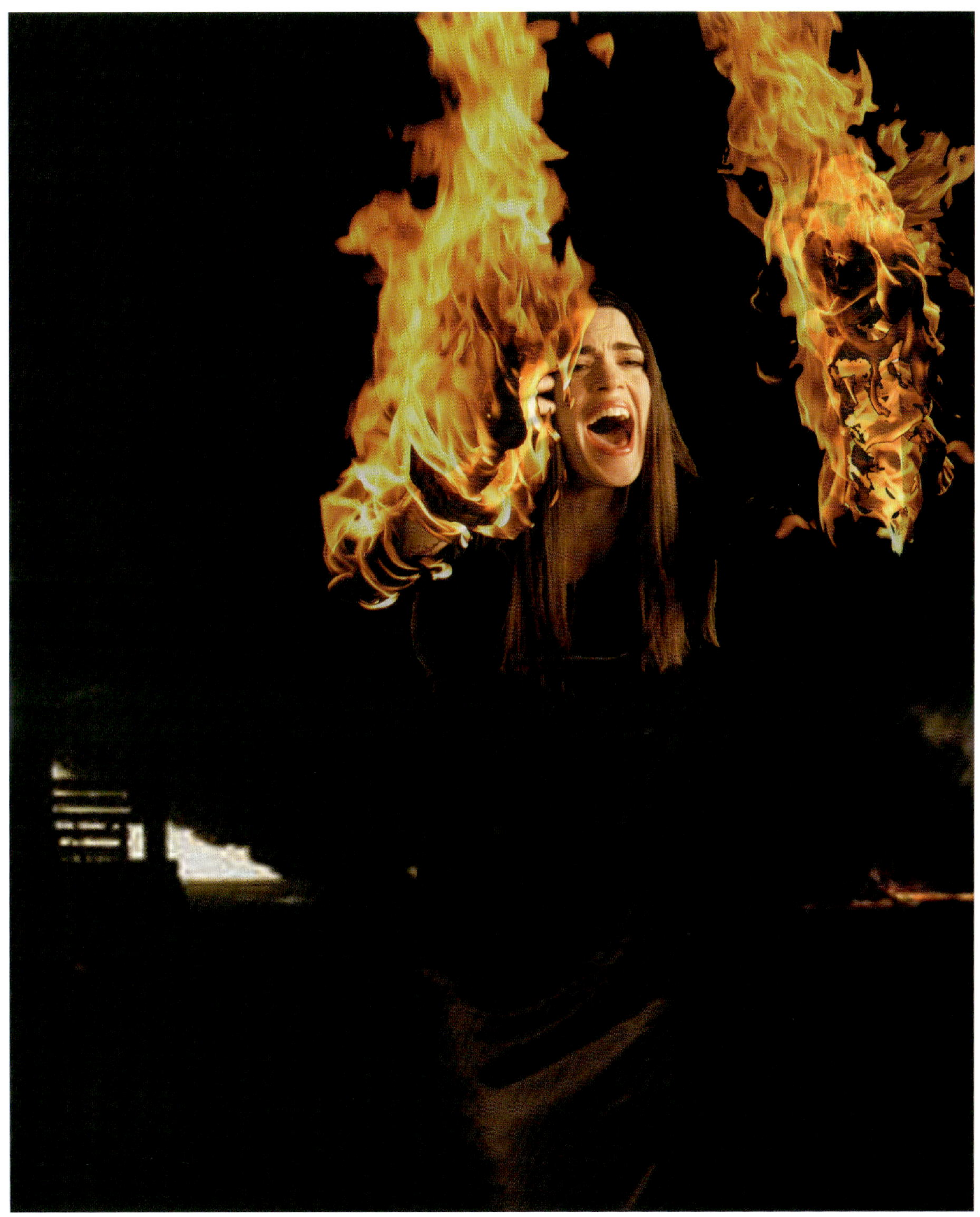

Prometeo

Musica
Music
Philip Glass
The Light, Vienna Radio
Symphony Orchestra

Coordinamento tecnico
Technical coordination
Carlo Ansaloni

Progetto luci
Lighting design
A.J. Weissbard

Ingegnerizzazione elettrotecnica
Electronics
Giovanni Grandi

Ingegnerizzazione meccanica
Mechanical design
Alberto Rizzioli

Costruzione delle imbarcazioni
Boats built by
Cantiere Nautico Crea, Venezia

Costruzioni meccaniche
Mechanical construction
CMI Costruzioni e Montaggi
Industriali, Corbetta (Mi)

Movimenti meccanici
Mechanical movement
Oberti, Cassena (Fe)

Tele metalliche
Iron mesh
Fratelli Mariani, Bresso (Mi)

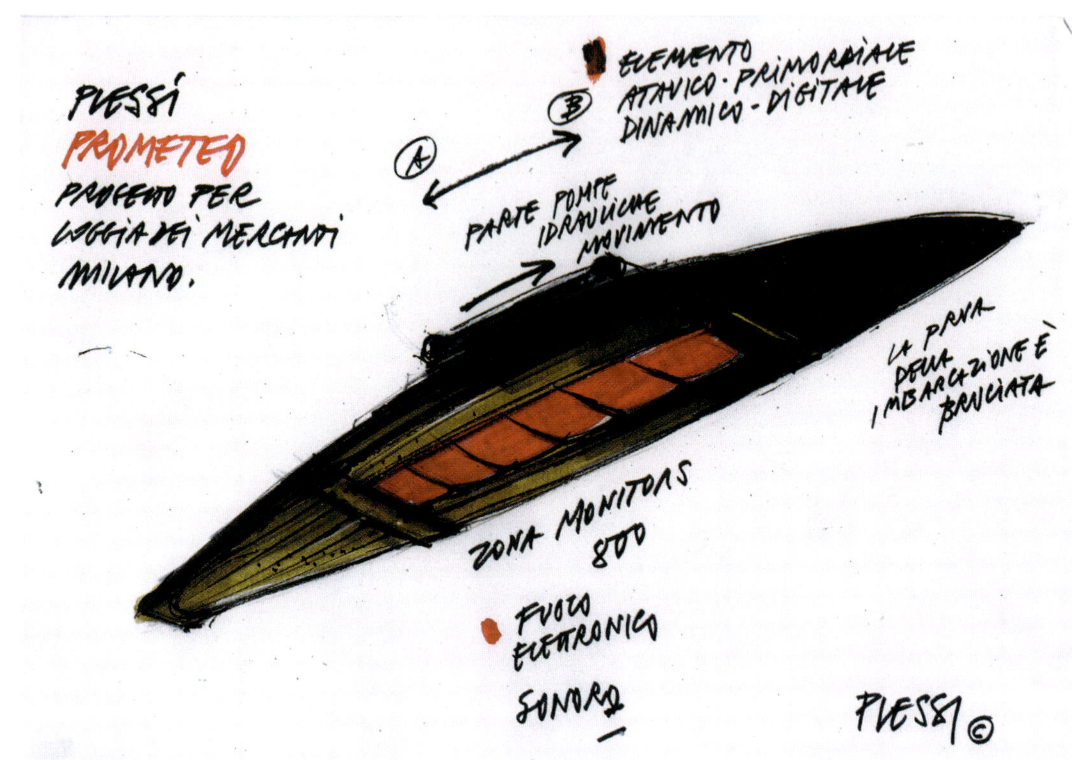

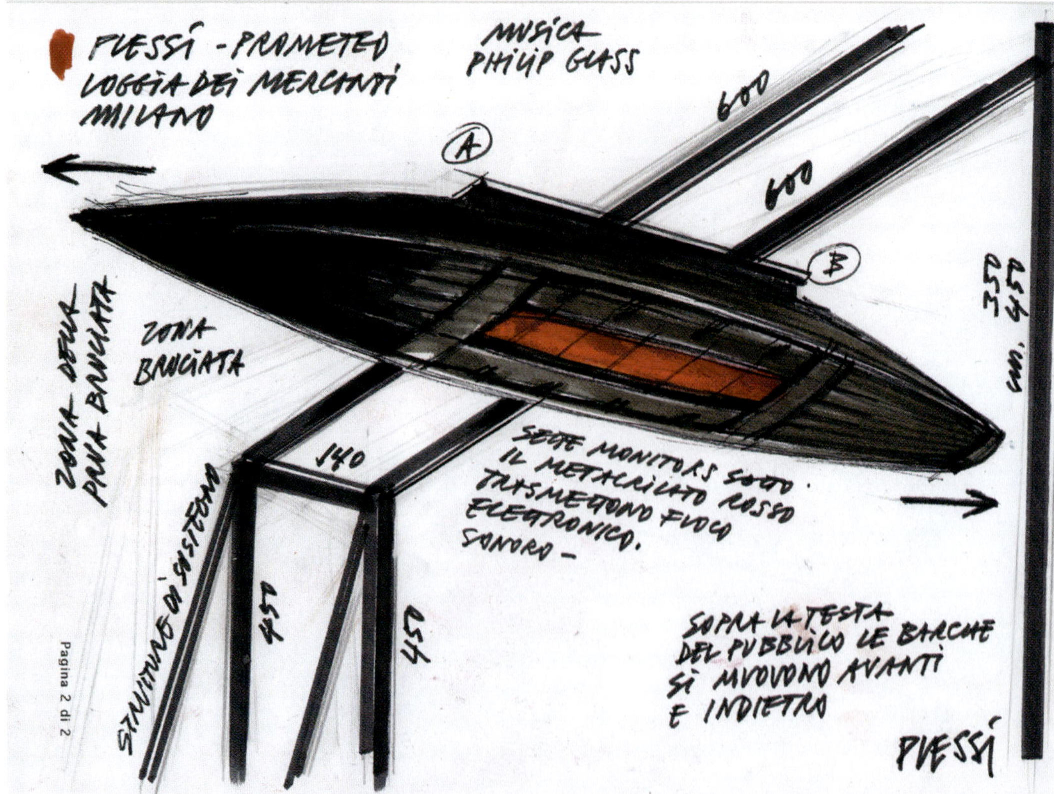

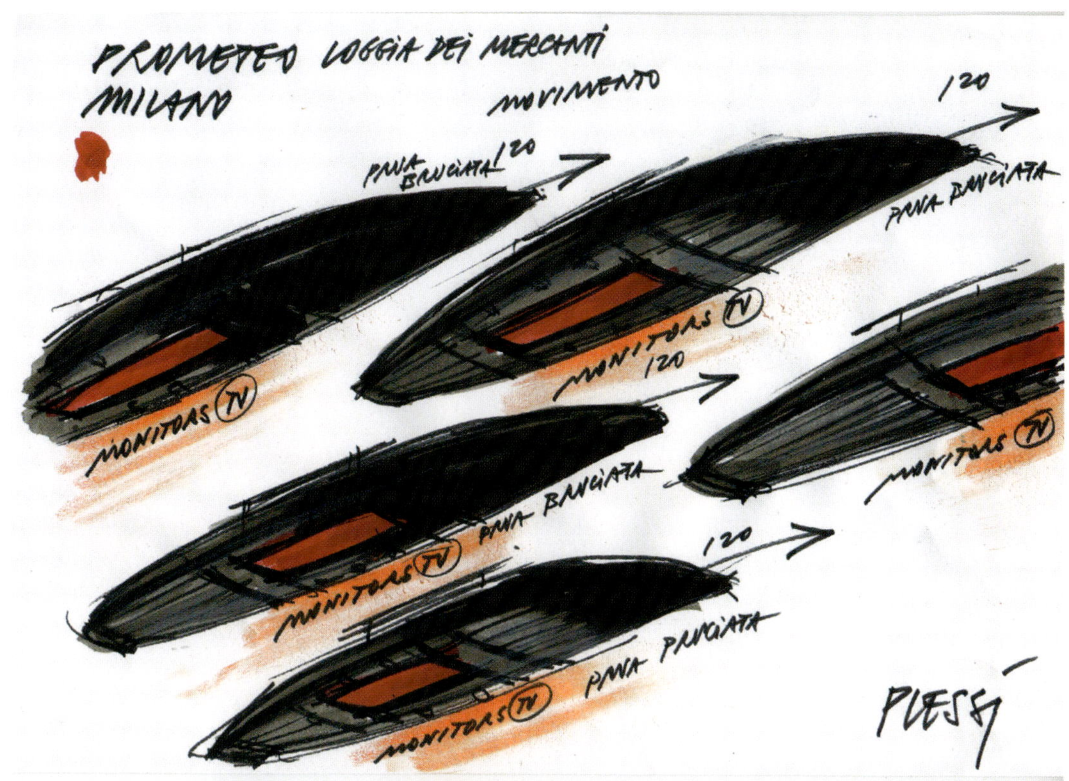
PROMETEO LOGGIA DEI MERCANTI
MILANO
MOVIMENTO
120
PRIMA BRUCIATA 120
PRIMA BRUCIATA
MONITORS TV
MONITORS 120
120
MONITORS TV
MONITORS TV
PRIMA BRUCIATA
MONITORS TV PRIMA BRUCIATA
120
MONITORS TV PRIMA BRUCIATA
PLESSI

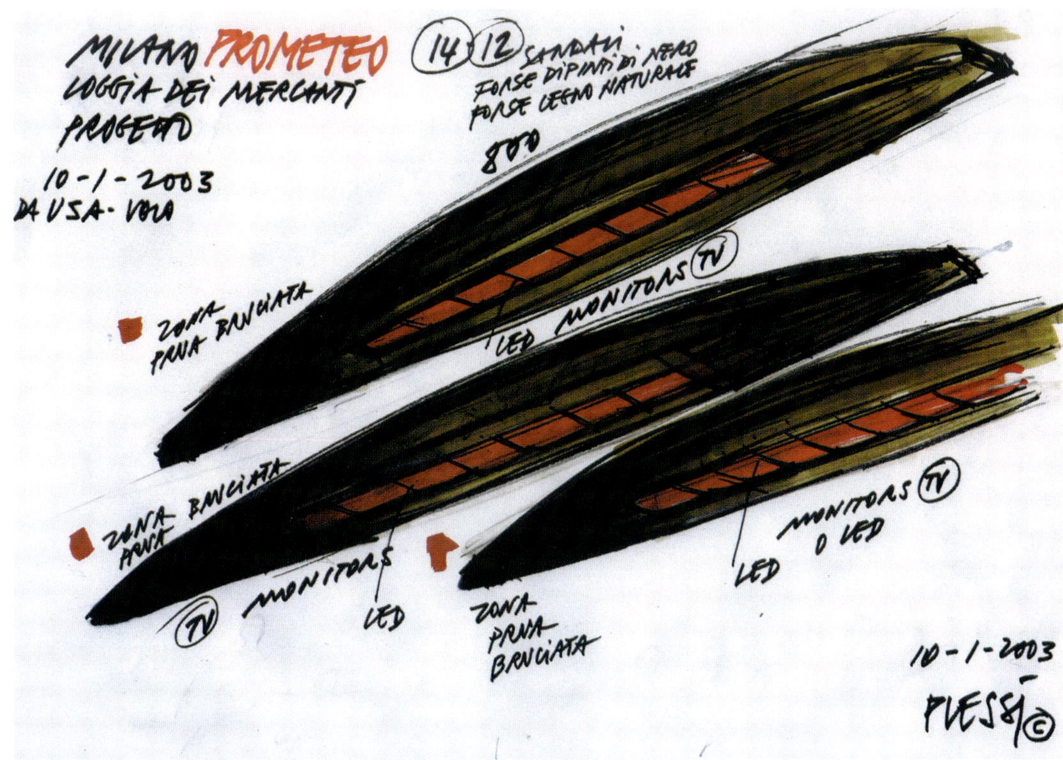
MILANO PROMETEO 14 12 SANDALI
FORSE DIPINTI DI NERO
LOGGIA DEI MERCANTI FORSE LEGNO NATURALE
PROGETTO
800
10-1-2003
DA USA - VOLA
ZONA
PRIMA BRUCIATA
LED MONITORS TV
ZONA BRUCIATA
PRIMA
MONITORS MONITORS TV
O LED
TV MONITORS
LED LED
ZONA
PRIMA
BRUCIATA
10-1-2003
PLESSI

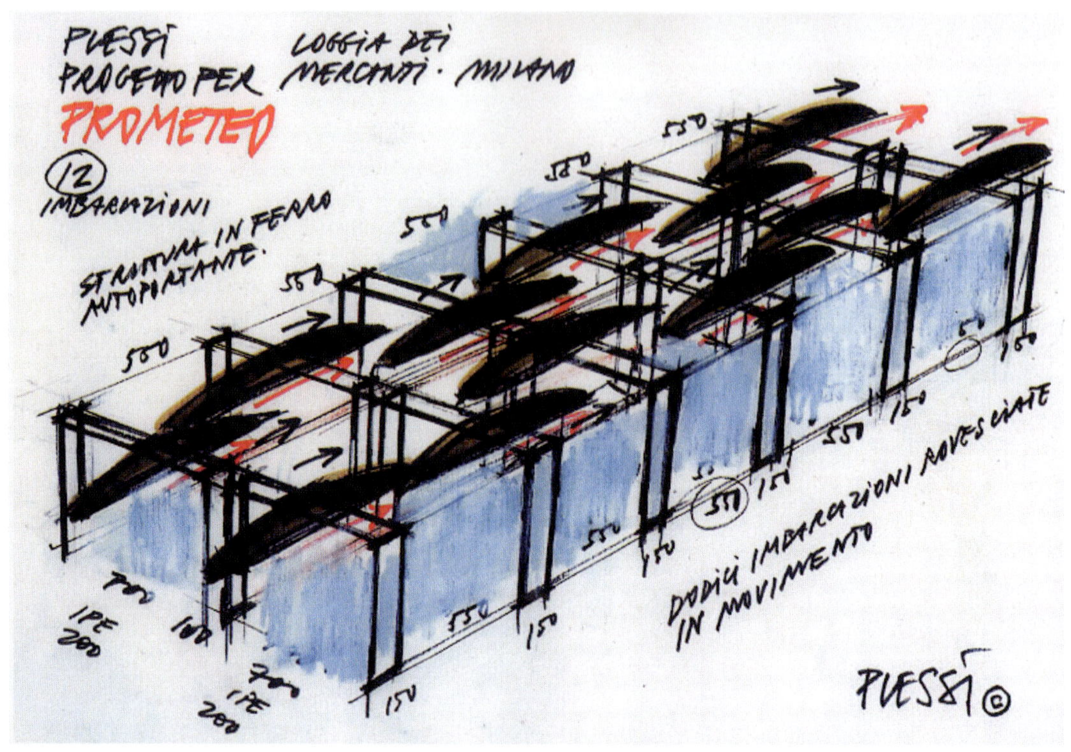

PLESSI
PROGETTO PER
PROMETEO
12
IMBARCAZIONI
STRUTTURA IN FERRO
AUTOPORTANTE.
550
550
550
550
700
100
IPE
200
150
700
IPE
200
150
550
150
550
150
550 150
550 150
DODICI IMBARCAZIONI ROVESCIATE
IN MOVIMENTO
PLESSI ©

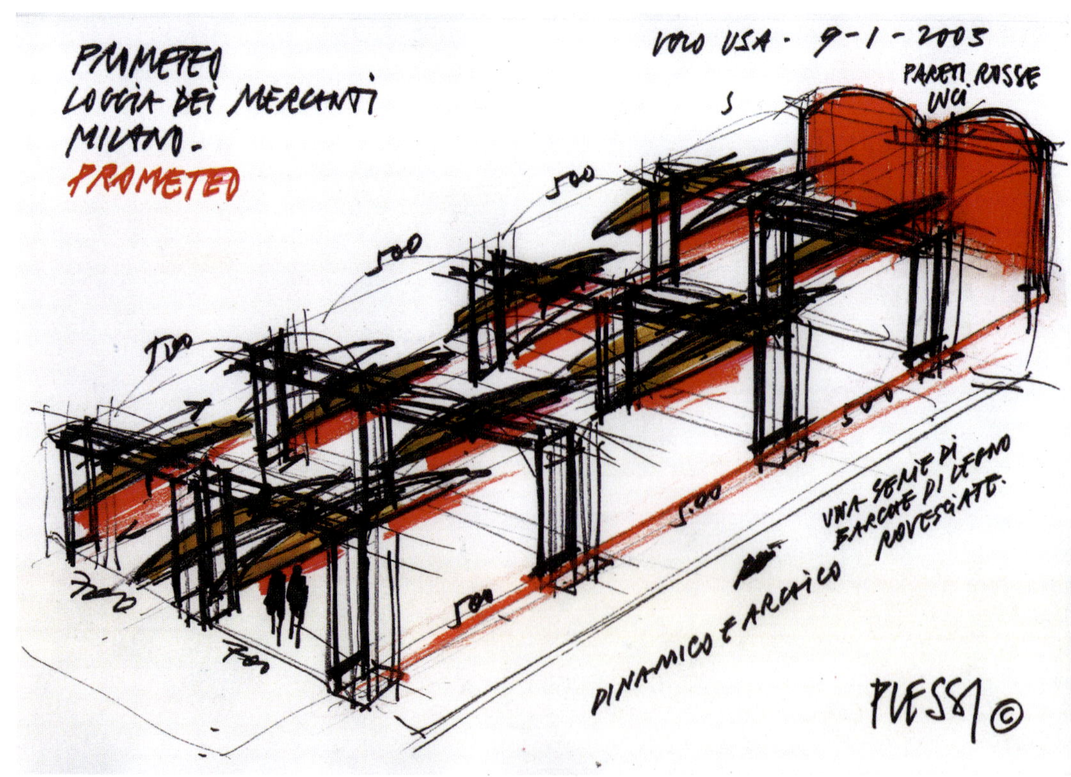

PRAMETEO
LOGGIA DEI MERCANTI
MILANO.
PRAMETEO
VOLO USA · 9-1-2005
PARETI ROSSE
INOX
500
500
700
700
500
500
UNA SERIE DI
BARCHE DI LEGNO
ROVESCIATE
DINAMICO E ARCAICO
PLESSI ©

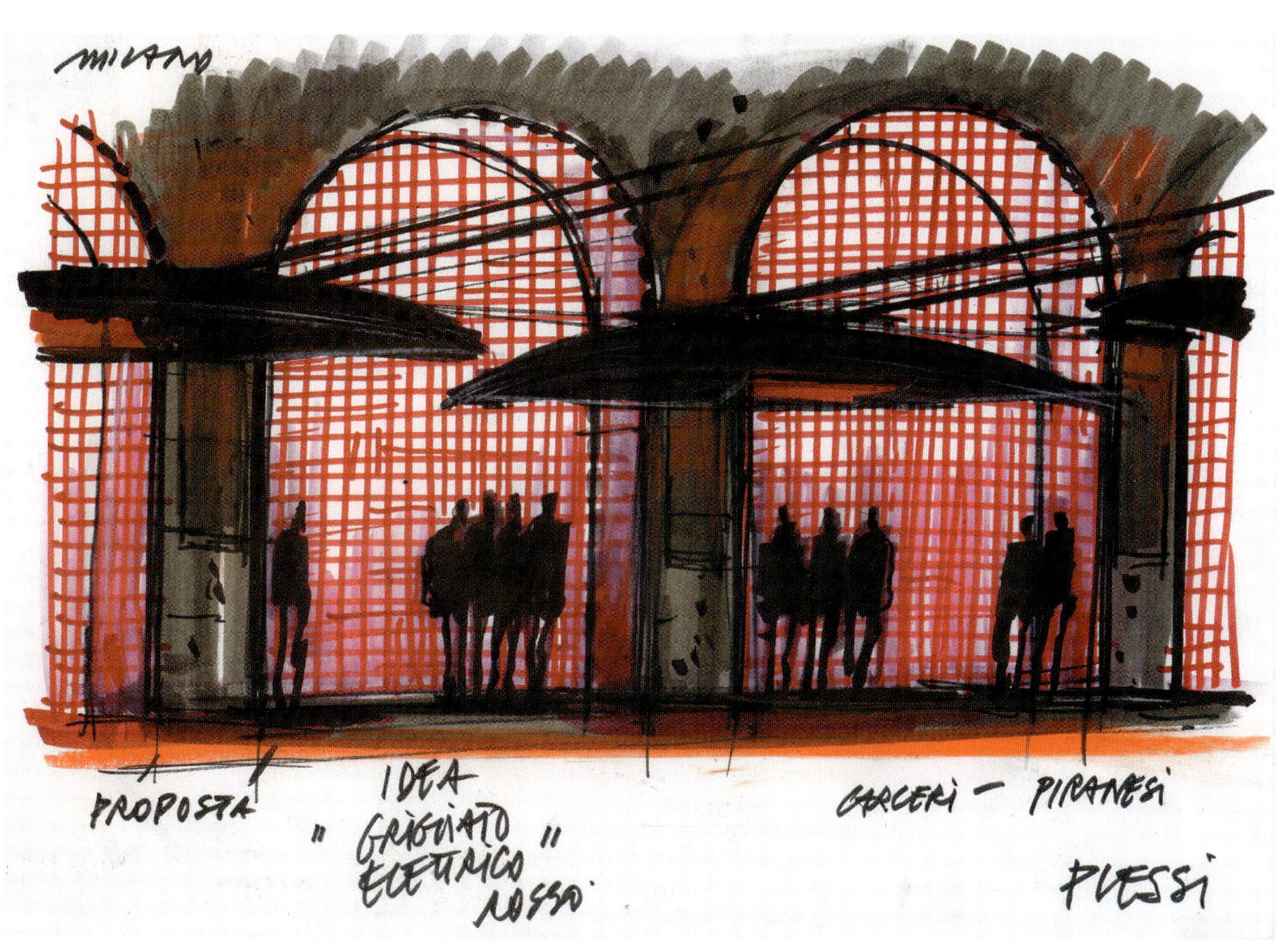
MILANO
PROPOSTA
IDEA
" GRIGLIATO "
ELETTRICO
ROSSO
CARCERI — PIRANESI
PLESSI

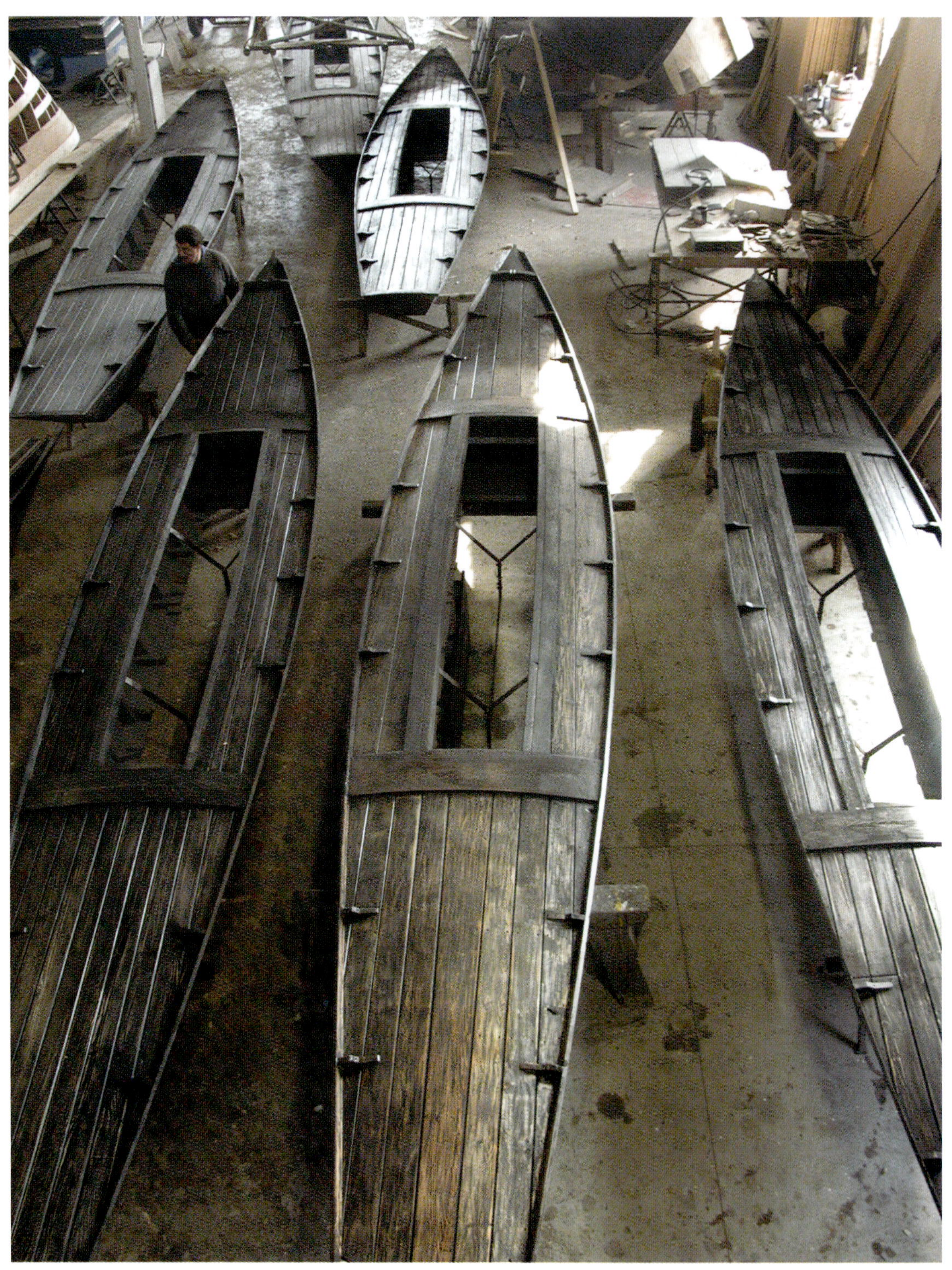

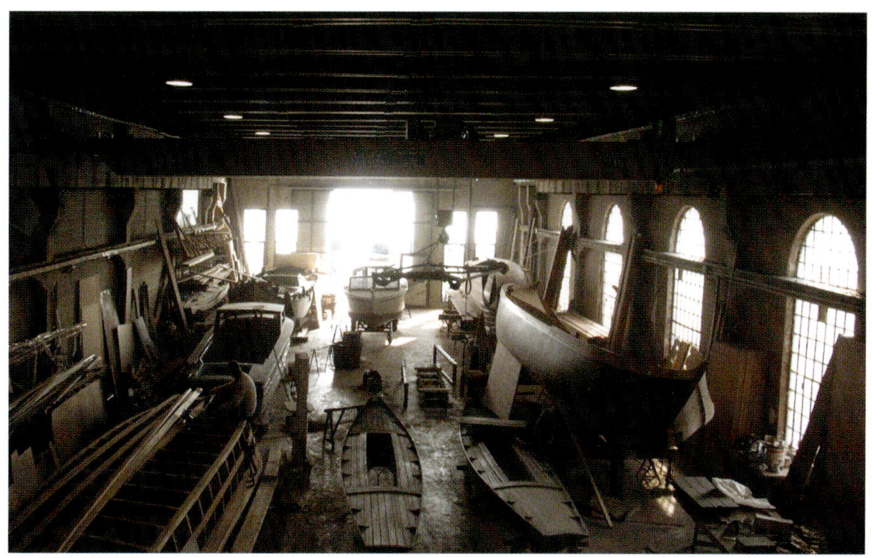

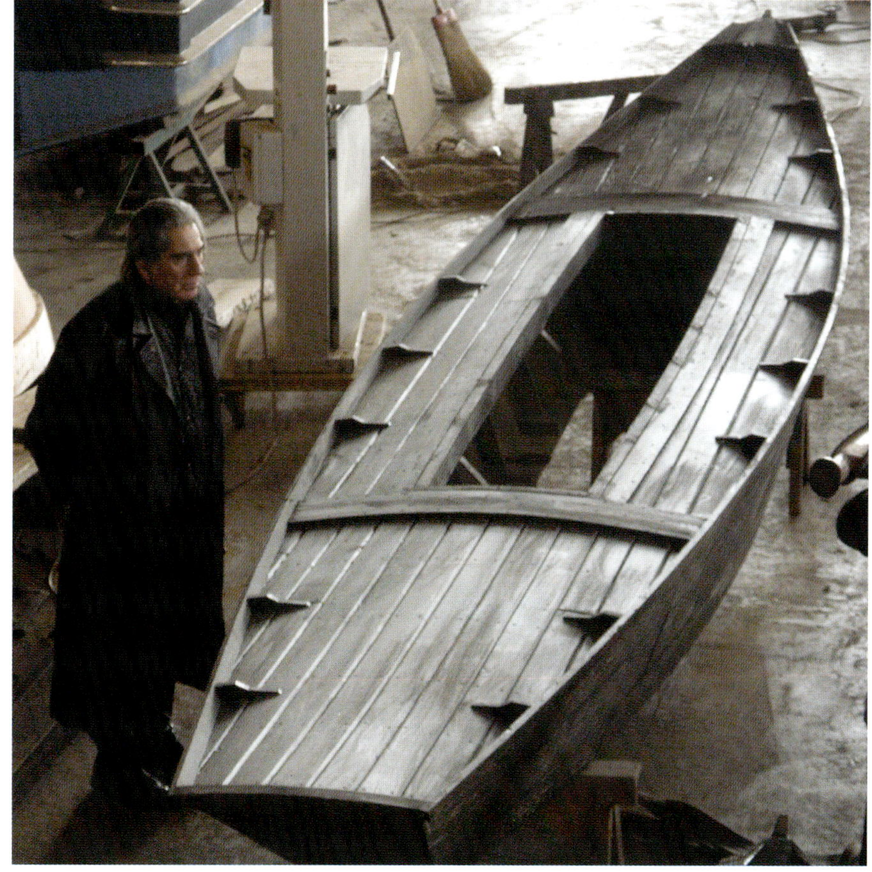

Bracieri
Hearths

Ideazione
Concept
Anna Barbara, Sara Manazza,
Savina Nicolini, Carolina Rapetti

Progetto interattivo in
collaborazione con
Interactive design in collaboration with
Massimo Banzi, Edoardo Brambilla,
Sergio Paolantonio

Progetto sonoro
Sound design
Raphael Monzin

Realizzazione
Realization
CFF Filiberti design Stone

È possibile raccontare la luce attraverso i cinque sensi? La luce ha un suono, un sapore, una *texture*, un profumo, un colore? Cinque bracieri cercano di rispondere stimolando la nostra immaginazione; ci invitano a stare di casa-in-città, ad aprire l'ospitalità verso l'esterno, punti di attrazione e di incontro nello spazio urbano. Il pubblico è invitato a sedere e a riposare attorno a cinque bracieri realizzati in pietra di Carniglia, in modo da diventare protagonista di una performance sensoriale, che traduce la luce attraverso il tatto e pigmenti, essenze, suoni, vibrazioni, in un'esperienza totalmente nuova e interattiva.

Is it possible to tell the story of light through the five senses? Does light have a sound, a taste, a texture, a smell, a color? Five flameless hearths attempt to suggest an answer, to stimulate our imaginations; they invite us to remain at home in the city, to extend its hospitality to all: its points of attraction, meeting places, comfort zones. Five flameless hearths realized in Carniglia stone. The public is invited to sit and rest at the hearthside, thus becoming the protagonist of a sensorial performance that will translate light – through texture, pigment, essence, sound and vibration – into a wholly new and interactive experience.

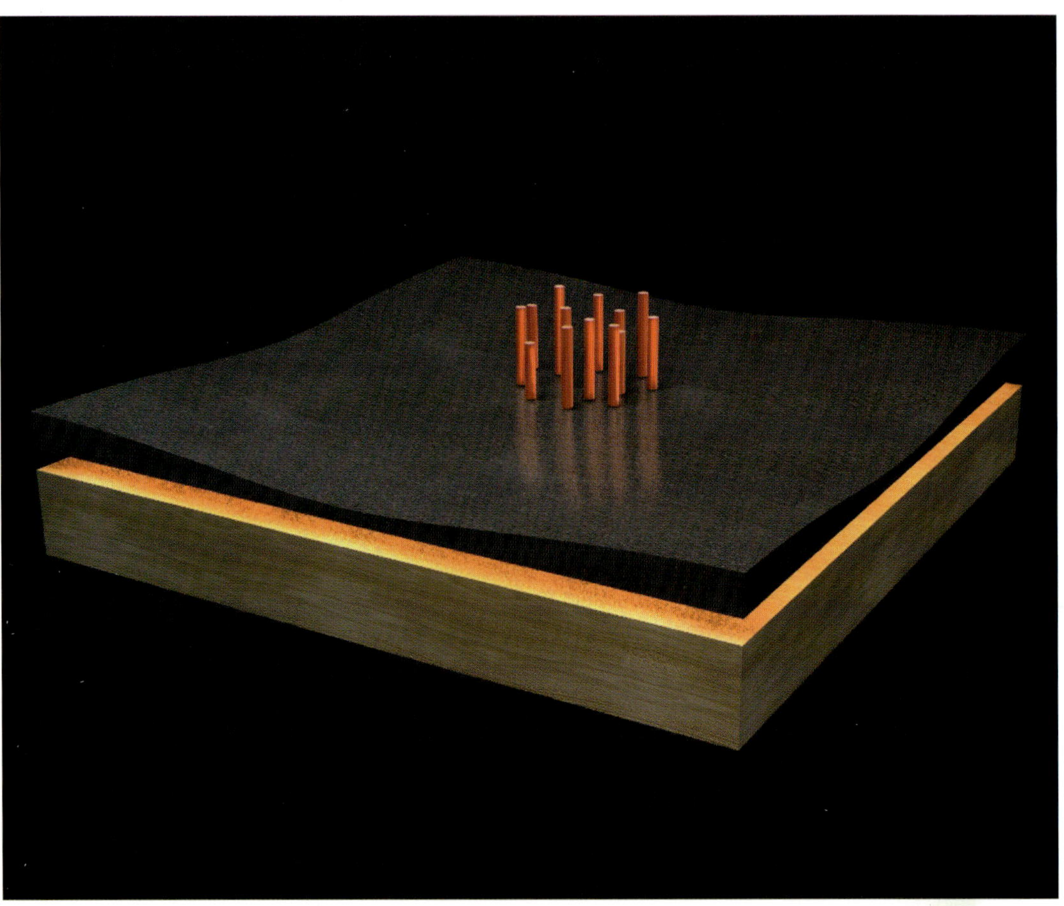

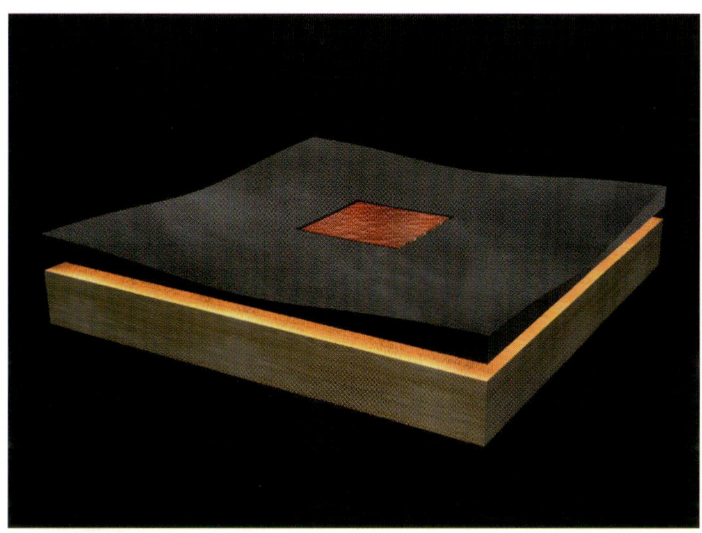

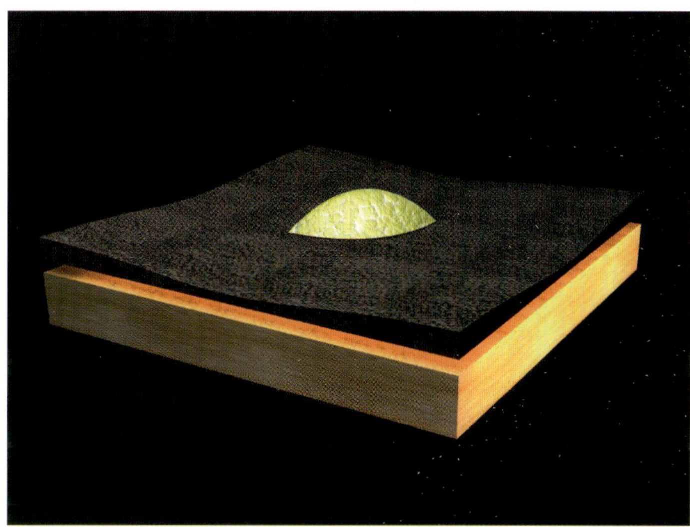

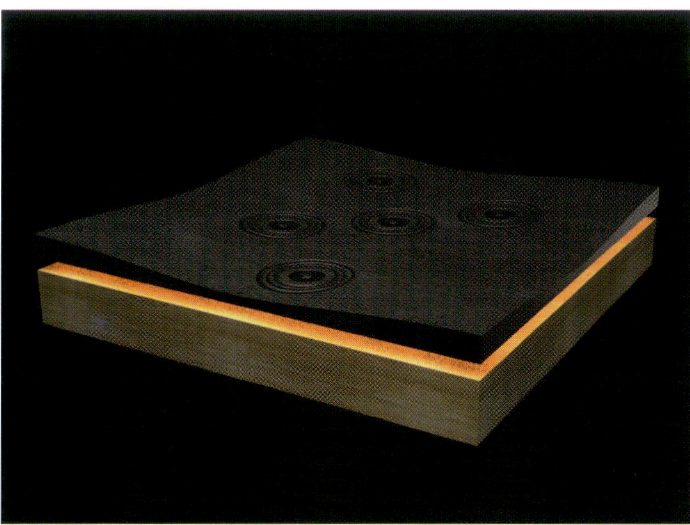

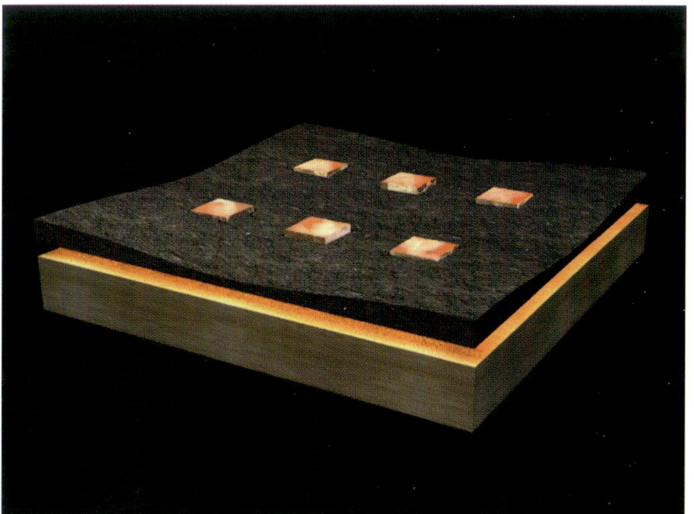

Rendering *Bracieri*
piazza Mercanti, Milano (2003)

Rendering Hearths
piazza Mercanti, Milan (2003)

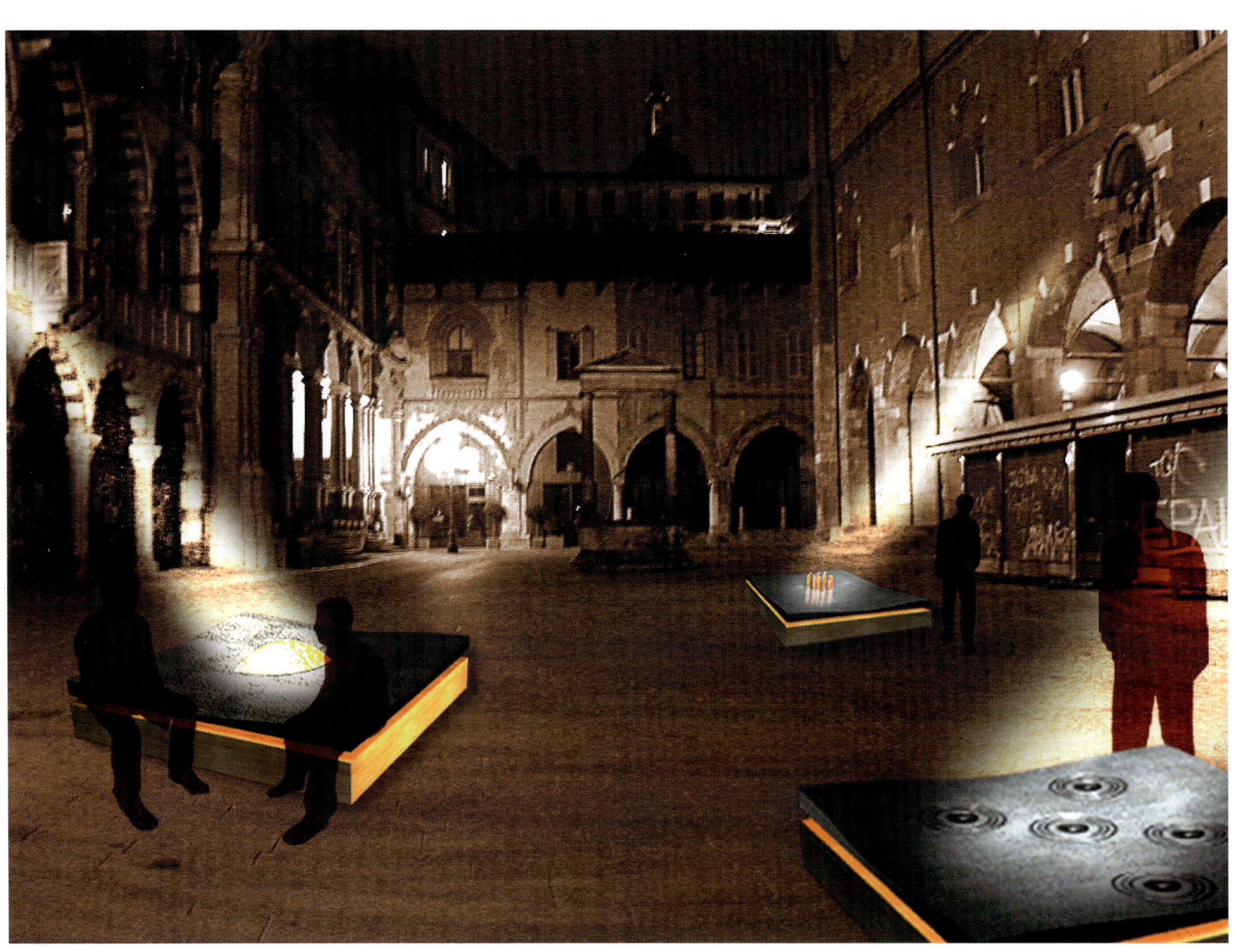

Biografie / Biographies

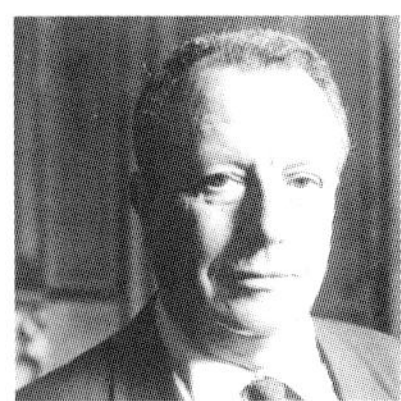

Dario Del Corno

Professore di Letteratura Greca presso la Facoltà di Lettere e Filosofia dell'Università degli Studi di Milano dal 1972 al 2001, attualmente insegna Letteratura Teatrale della Grecia Antica nella medesima Università.
Ha curato edizioni critiche e traduzioni di opere di Menandro, Aristofane, Artemidoro, Filostrato, Plutarco, Terenzio; è autore di studi critici, in particolare dedicati alla storia del teatro antico e all'interpretazione dei sogni nel mondo classico. Fra le sue pubblicazioni: *Letteratura greca* (1995) *Antologia della Letteratura greca* in 3 voll. (1991). Ha collaborato per oltre un decennio alla terza pagina del "Corriere della Sera" e attualmente scrive per il "Supplemento letterario della domenica" del "Sole 24 Ore".
La sua attività teatrale comprende traduzioni e adattamenti scenici di drammi dei tragici greci, di Shakespeare, di Molière, di Goethe. La sua traduzione del *Prometeo incatenato* di Eschilo è stata messa in scena nel 2002 a Siracusa da Luca Ronconi.

From 1972 to 2002 he was teacher of Greek Literature at the University of Milan, where he now teaches Ancient Greek Theatrical Literature.
He has edited various critical editions and translations of the works of Menander, Aristophanes, Artimedorus, Philostrato, Plutarch and Terence, and he is the author of several critical studies dedicated to the history of classical theatre and the interpretation of dreams in ancient times.
Among his works: Greek Literature *(1995) and* An Anthology of Greek Literature *in three volumes (1991).*
After having contributed to the third page of the Corriere della Sera *for a decade, he is now a contributor to the* Sunday Literary Supplement *for* Sole-24 Ore.
His theatrical activity includes translations and scenographic adaptations of Greek dramas and the tragedies of Shakespeare, Moliere and Goethe. In 2002 his translation of Aeschylus' Prometheus Bound *was staged under the direction of Luca Ronconi.*

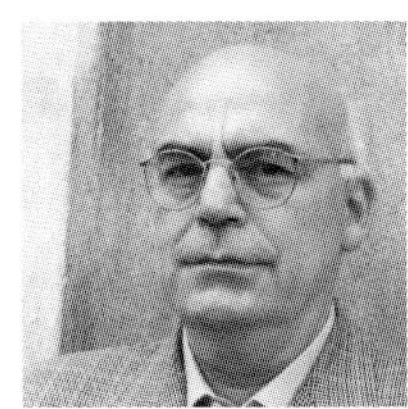

Salvatore Natoli

È professore di Filosofia Teoretica presso la Facoltà di Scienze della Formazione dell'Università degli Studi di Milano-Bicocca.
Tra i suoi scritti: *Soggetto e fondamento* (Bruno Mondadori, 1996), *L'esperienza del dolore. Le forme del patire nella cultura occidentale* (Feltrinelli, 1986), *Teatro filosofico. Gli scenari del sapere tra linguaggio e storia* (Feltrinelli, 1991), *La Felicità. Saggio di teoria degli affetti* (Feltrinelli, 1994), *I nuovi pagani* (Il Saggiatore, 1995), *Dizionario dei vizi e delle virtù* (Feltrinelli, 1996), *Dio e il divino. Confronto con il Cristianesimo* (Morcelliana, 1999), *Progresso e catasfrofe. Dinamiche della modernità* (Marinotti, 1999), *La felicità di questa vita* (Mondadori, 2000), *Stare al mondo* (Feltrinelli, 2002).
Collabora a varie riviste e quotidiani.

Salvatore Natoli is Professor of Theoretical Philosophy in the Department of Developing Sciences at the University of Milan-Bicocca.
Among his writings: Subject and Foundation *(Bruno Mondadori, Milan 1996);* The Experience of Pain, Forms of Suffering in the Western World *(Feltrinelli, Milan 1986);* Philosophical Theatre, Scenarios of Understanding between Language and History *(Feltrinelli, Milan 1991);* Happiness, Essay on a Theory of the Affections *(Feltrinelli, Milan 1994);* The New Pagans *(Il Saggiatore, Milan 1995);* Dictionary of the Vices and Virtues *(Feltrinelli, Milan 1996);* God and the Divine, Confrontation with Christianity *(Morcelliana, Brescia 1999);* Progress and Catastrophe, Dynamics of Modernism *(Marinotti, Milan 1999);* The Happiness of this Life *(Mondadori, Milan 2000);* To Be in the World *(Feltrinelli, Milan 2002).*
He collaborates with many magazines and newspapers.

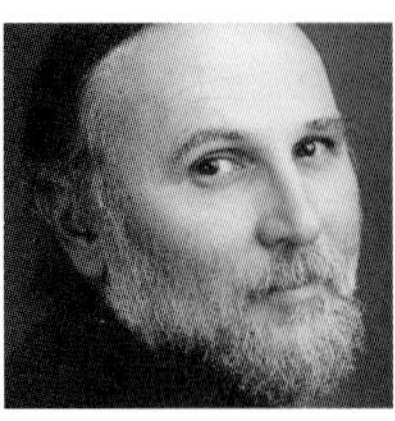

Moni Ovadia

Nato a Plovdiv (Bulgaria) nel 1946 da una famiglia ebraica, si laurea in Scienze Politiche a Milano. Incomincia la sua attività artistica come cantante e musicista nel gruppo dell'Almanacco Popolare.
Si avvicina al teatro nel 1984 collaborando con Pier'Alli, Bolek Polivka, Tadeusz Kantor, Giorgio Marini, Franco Parenti.
Nel 1990 fonda la Theater Orchestra. *Oylem Goylem* lo impone all'attenzione del grande pubblico.
Nel 1995, con Mara Cantoni, dà vita a *Dybbuk*, spettacolo sulla Shoah, e con Pamela Villoresi, anche regista, debutta con lo spettacolo *Taibele e il suo demone*.
Quindi seguono l'opera multimediale *Frammenti sull'Apocalisse, Diario ironico dall'esilio* e *Il caso Kafk*a, firmati con Roberto Andò. Realizza poi, di nuovo come regista, *Mame, Mamele, Mama, Mame, Mamma, Mamà* (1998), *Tevjie un mir* e *Il banchiere errante* (2001).
Nel 1996 pubblica il suo primo libro *Perchè no?*, cui seguono *Speriamo che tenga, L'ebreo che ride, Ballata di fine millennio* (2000).

He was born in Plovdiv (Bulgaria) in 1946 from a Jewish family. He obtained his degree in Political Science in Milan. He started his artistic activity as a singer and musician with the group Almanacco Popolare. In 1984 he moved to theater, collaborating with Pier'Alli, Bolek Polivka, Tadeusz Kantor, Giorgio Marini and Franco Parenti. In 1990 he founded the TheaterOrchestra. He attracted much attention with the work Oylem Goylem. In 1995, with Mara Cantoni, he designed Dybbuk, a performance on the Shoah, and with Pamela Villoresi, also co-director, he performed Taibele e il suo demone. *Afterwards, with Roberto Andò he staged Frammenti sull'Apocalisse, Diario ironico dall'esilio and Il caso Kafka. He has also directed: Mame, Mamele, Mama, Mame, Mamma, Mamà (1998); Yossl Rakover si rivolge a Dio and Tevjie un mir (2000); and Il banchiere errante (2001).*
In 1996 he wrote his first book, Perchè no? He has also written Speriamo che tenga, L'ebreo che ride and Ballata di fine millennio.

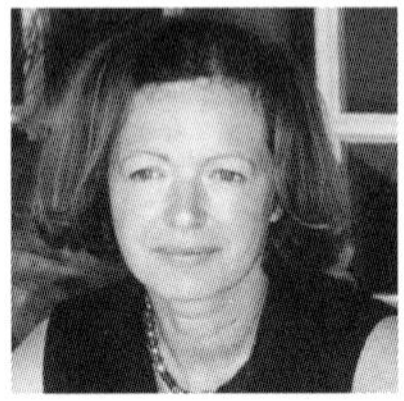

Catherine Perlès

Professore all'Università di Parigi-X e membro dell'Istituto Universitario di Francia, fin da giovanissima decide di diventare archeologa e in particolare studiosa di preistoria. Il suo interesse per la mitologia siberiana sul tema del fuoco la porta ad approfondire lo studio della scoperta e degli usi del fuoco nell'epoca preistorica (*Preistoria del Fuoco*, 1983). Si dedica poi allo studio di altri temi correlati, come l'evoluzione dell'alimentazione o l'organizzazione dell'abitato nei tempi più remoti della preistoria.
Parallelamente ha partecipato a campi archeologici in Grecia in qualità di specialista in utensili di pietra. Ha pubblicato articoli e libri, l'ultimo dei quali riguarda il primo neolitico in Grecia (Cambridge University Press 2001).

Catherine Perlès is a Professor at the University of Paris-X and a member of the Institut Universitaire de France. She decided very early on to become an archaeologist, specifically a prehistorian. However, initially it was her interest in the Siberian mythology of fire that led her to work on the evidence for the prehistoric discovery and uses of fire (Preistoria del Fuoco, Einaudi 1983). This led her to explore related topics such as the evolution of alimentation in the oldest prehistoric times, and the organization of habitations.
In parallel, she started to do fieldwork in Greece as a specialist of chipped stone tools. She has published many articles and several books, the latest of which concerns the Early Neolithic in Greece (Cambridge University Press 2001).

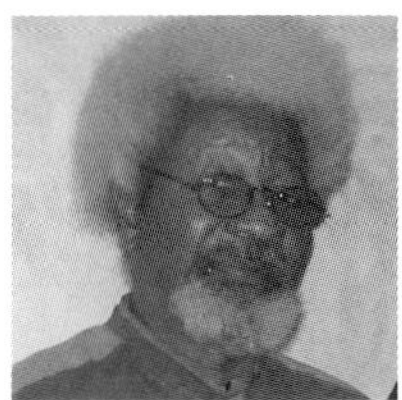

Wole Soyinka

Di origine Yoruba e nato nella Nigeria Occidentale, è drammaturgo, poeta, romanziere, saggista, premio Nobel per la Letteratura nel 1986.
Compie gli studi a Ibadan e poi all'Università di Leeds, Gran Bretagna. Nel 1960 vince la borsa di studio Rockefeller e ritorna in Nigeria dove compie ricerca sul teatro e fonda una compagnia teatrale. A Leeds e a Londra scrive le sue prime opere, *The Swamp Dwellers* e *Il leone e la perla*, messe in scena per la prima volta a Ibadan nel 1959. Tra gli altri lavori teatrali: *Danza della foresta, Il raccolto di Kongi, Pazzi e specialisti, La strada, La morte e il cavaliere del re.*
Fa parte di organizzazioni internazionali artistiche e di diritti umani come la Commissione delle Nazioni Unite sui Diritti umani e l'International Parliament of Writers.
Delle sue opere tradotte in Italia ricordiamo: *Gli interpreti, Stagione di anomia, L'uomo è morto, Aké. Gli anni dell'infanzia, Mito e letteratura nell'orizzonte culturale africano, Idanre e altre Poesie.*

A Yoruba born in Western Nigeria, Soyinka is a playwright, poet, novelist, essayist and 1986 winner of the Nobel Prize for Literature. He studied in Ibadan and later attended the University of Leeds, England. In 1960 he was awarded a Rockefeller Grant and returned to Nigeria, where he studied theater and eventually founded a theater company.
Soyinka's first plays, The Swamp Dwellers *and* The Lion and the Jewel, *were written in Leeds and London, and were first performed at Ibadan in 1959.*
Other works for theater have included A Dance of the Forests, Kongi's Harvest, Madmen and Specialists, The Road, *and* Death and the King's Horseman.
He is active in various international artistic and human rights organizations such as the UN Commission on Human Rights and the International Parliament of Writers. His works include: The Interpreters; Season of Anomy; The Man Died: Prison Notes; Aké: The Years of Childhood; Myth, Literature and the African World; Idanre and Other Poems.

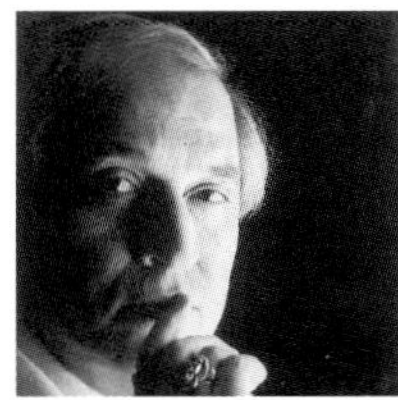

Vittorio Storaro

Nato a Roma nel 1940, si diploma in Ripresa Cinematografica al Centro Sperimentale di Cinematografia nel 1960. Esordisce nel 1968 con *Giovinezza giovinezza* diretto da Franco Rossi.
Lavora poi con registi come Dario Argento, Giuseppe Patroni Griffi, Salvatore Samperi, Luca Ronconi, Bernardo Bertolucci, Francis Ford Coppola, Warren Beatty e Carlos Saura, che gli danno modo di sviluppare una personale ricerca sulle possibilità di espressione luministiche dell'immagine.
Ha ricevuto tre premi Oscar per: *Apocalypse now* di Francis Ford Coppola, *Reds* di Warren Beatty e *L'ultimo imperatore* di Bernardo Bertolucci.
È stato membro di varie Accademie internazionali.
Insegna "Scrivere con la Luce" presso l'Accademia delle Arti e delle Scienze dell'Immagine di L'Aquila, di cui è stato uno dei fondatori.
Sta completando il progetto *Scrivere con la luce*, libro in tre volumi sull'ispirazione pittorica e sulla conoscenza filosofica della luce, dei colori e degli elementi.

Vittorio Storaro was born in Rome in 1940. He graduated from the Centro Sperimentale di Cinematografia in 1960. His first work was Giovinezza giovinezza, *directed by Franco Rossi in 1968.*
Working with directors such as Dario Argento, Giuseppe Patroni Griffi, Salvatore Samperi, Luca Ronconi, Bernardo Bertolucci, Francis Coppola, Warren Beatty and Carlos Saura, Storaro has explored the expressive possibilities for lighting images. He has received Academy Awards for the films Apocalypse Now *(F. Coppola),* Reds *(W. Beatty), and* The Last Emperor *(B. Bertolucci).*
Storaro has been a member of several international academies and associations. He currently teaches "Writing with Light" at the Academy of Arts and Science of Images in L'Aquila, Italy, of which he is one of the founders.
He is currently finishing his three-volume book, Writing with Light, *about the meanings of light, colors and elements.*

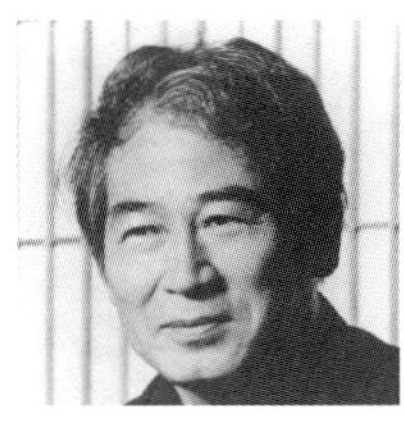

Tadashi Suzuki

Tadashi Suzuki è fondatore e direttore della Suzuki Company of Toga, presidente della Japan Performing Arts Foundation, direttore artistico del Shizuoka Performing Arts Center, nonché il creatore del metodo di recitazione Suzuki. A lui si deve l'organizzazione del primo festival giapponese di teatro – il TOGA Festival – dal 1982 al 1999. Dal 1993 è tra gli organizzatori del Theatre Olympics.
Il suo lavoro comprende *On the dramatic passions, The Trojan women, Cyrano de Bergerac* e l'opera *Vision of Lear.*
Oltre a essere uno dei maggiori registi di teatro contemporanei, è anche ideatore di un metodo di recitazione. Il suo lavoro teorico è stato pubblicato negli Stati Uniti con il titolo *The Way of Acting.*
Ha collaborato con l'architetto Arata Isozaki alla creazione di otto teatri in Giappone, combinando l'arte del teatro con l'architettura e realizzando veri e propri esempi d'arte moderna.

Tadashi Suzuki is the Founder and Director of the Suzuki Company of Toga; Chairman of the Japan Performing Arts Foundation; Artistic Director of the Shizuoka Performing Arts Center; and the creator of the Suzuki Method of Actor Training. He organized the Toga Festival from 1982 through 1999 and the International Committee of the Theater Olympics in 1993, together with other world theater artists.
His works include On The Dramatic Passions, The Trojan Women, Cyrano de Bergerac *and the opera* Vision of Lear.
Not only one of the world's foremost theater directors, Suzuki is also an important performance theorist. A collection of his writings, The Way of Acting, *is published in the United States.*
He has been engaged in a long-term collaborative relationship with celebrated architect Arata Isozaki, in the creation of eight theatres in Japan. The resulting buildings not only combine the theatrical arts with architecture, but also attain a highly acclaimed level of modern formalism.

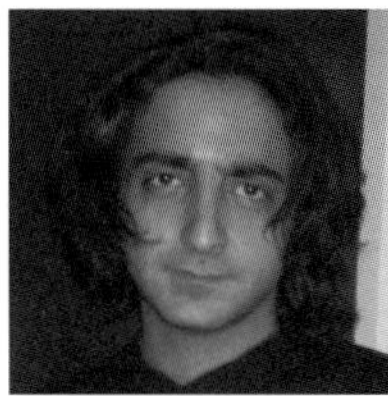

David Abir

Compositore e scultore di Philadelphia, vive e lavora a New York. I suoi lavori sono stati in mostra in diverse gallerie degli Stati Uniti, fra cui recentemente il Museo d'arte contemporenea di Lione, dove ha partecipato alla mostra *New York: New Sounds, New Spaces*.
Nel 1996 ha costituito l'Infant Reader performance installation group, con cui ha prodotto più di tredici spettacoli, tra cui uno con il Pennsylvania Ballet Company.
Nel Settembre 2000, la Sulphur Record (dell'artista inglese Scanner) ha prodotto il suo primo disco che ha ottenuto il generale consenso della critica.
Come compositore, l'artista ha scritto per il teatro e il cinema, tra cui le musiche per *K* di Shoja Azari, nella selezione ufficiale del Festival di Venezia. Ha inoltre realizzato il suono e le scene della prima versione di *Logic of the Birds*, un'installazione sonora per Shiseido, e per la prima mostra di Shirin Neshat alla Barbara Gladstone Gallery.

David Abir is a composer and sculptor from Philadelphia. He lives and works in New York. His work has been exhibited in many U.S. galleries. He most recently took part in the extended exhibition New York: New Sounds, New Spaces *at the Musée D'art Contemporain de Lyon.*
In 1996 he established the Infant Reader performance installation group, that produced over 13 performances including a piece with the Pennsylvania Ballet Company at the Forrest Theater in Philadelphia. In September 2000, Sulphur Records (English sound artist Scanner's U.K. label) released his first recording, which has since been garnering international critical acclaim.
As a composer, the artist has written for theater and film including K *by Shoja Azari, an official selection of the Venice Film Festival.*
He also has created the sound and set design for the first installment of Logic of the Birds; *the sound installation for Shiseido and the sound installation for Shirin Neshat's debut exhibition at the Barbara Gladstone Gallery.*

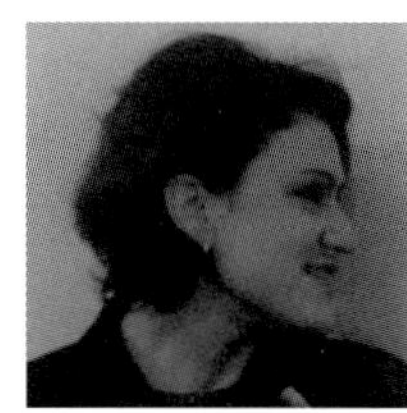

Robyn Backen

Vive e opera a Sydney, ma ha partecipato a mostre in Asia e in Europa.
La sua arte si situa nella sfera della transizione, dimorando sulla soglia tra gli elementi di terra, acqua e aria, tra l'essere umano e la tecnologia, casualità e modelli. Una sua scultura (*Weeping Walls*, 2000) è collocata all'ingresso delle partenze dell'aeroporto di Sidney. I messaggi in codice Morse pulsano attraverso i cavi di fibre ottiche, che leniscono l'emozione della separazione facendo sembrare i passeggeri che scorrono dietro alle pareti di vetro come vi fossero intrecciati.
The Archaeology of Bathing (1999) traccia la linea di transizione tra il porto e la spiaggia di Woolloomooloo Bay e allude al territorio fra memoria e presente. *Catching...the harbour* (2001) riflette invece il lavoro della Backen e di un team di scienziati e di curatori dell'Australian Museum, che hanno collaborato alla sua realizzazione. Il processo stesso esprime la transizione fra le pratiche dell'arte e della scienza.

Robyn Backen lives and works in Sydney, but she has an exhibition history throughout Asia and Europe.
Her art resides in the sphere of transition, inhabiting thresholds between the elements of land, water and air; between the human body and technology; randomness and pattern. Her sculpture Weeping Walls, *2000, creates a gateway of departure at the Sydney International Airport. With the memory of Morse code messages pulsing through fiber optic cable apparently woven into the wall, they repair the emotion of separation as passengers disappear behind their glass walls.*
The Archaeology of Bathing, *1999, delineates the transition of the harbor to the shore at Woolloomooloo Bay, and alludes to the territory between memory and the present.*
Catching...the Harbor, *2001, reflects a collaborative process with Robyn Backen, Australian Museum scientist and exhibitions staff member, who assisted in its realization. The process is itself an expression of transition between the practices of art and science.*

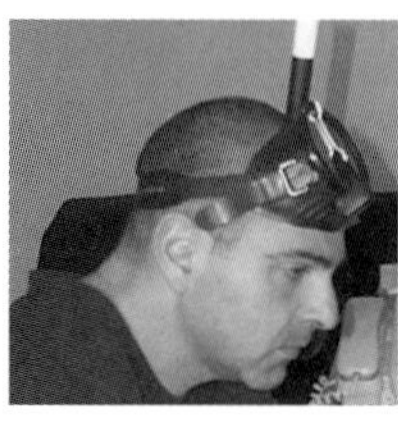

Peter Bottazzi

Nasce a Imperia nel 1964. Architetto, comincia a lavorare in campo teatrale occupandosi di scenografia e illuminazione prima di dedicarsi alla progettazione di allestimenti ed eventi di moda, design, arte.
Collabora con il Comune di Milano progettando spazi espositivi e sedi per spettacoli. Cura negli ultimi anni gli allestimenti e le serate di apertura della Mostra internazionale d'arte cinematografica di Venezia.
Sue la lampada *Amadeus*, la serie di contenitori *Fly* e la sedia luminosa *Lu Chair*.
Per il 70° anniversario di "Domus" realizza, insieme a Robert Wilson, l'allestimento di uno spettacolo-evento. Inizia poi una collaborazione con Tele+ (per cui ha progettato il nuovo studio oltre a disegnare l'immagine e i mobili di tutte le trasmissioni). Nelle ultime due edizioni del Salone Internazionale del Mobile di Milano progetta le installazioni-percorso per Bang & Olufsen.
Ha progettato l'allestimento della mostra *Il corpo dell'arte* per la I Biennale di Valencia.

He was born in Imperia in 1964. An architect, he began in the theater working in the fields of set and lighting design. He also designed for fashion and art exhibitions. For the city of Milan he has designed exposition and performance spaces. He was recently production designer for the International Cinematographic Arts Show of Venice, including the opening night events. Among his works: the Amadeus *lamp, the* Fly *container series and the* Lu Chair *luminous chair. For* Domus *magazine he collaborated with Robert Wilson to create the scenery for the performance-event that celebrated its 70th anniversary. He has begun a collaboration with Tele+, for which he has already designed their new studio, as well as the visuals and furniture for all of their transmissions. For the last two International Furniture Conventions in Milan he has designed the installation for Bang & Olufsen. He created the overall installation design for* The Body of Art *at the First Biennial of Valencia.*

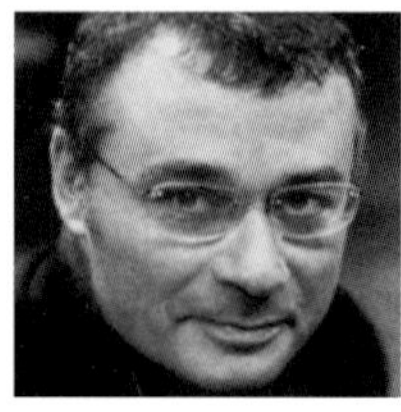

Gianni Carluccio

Nato a Milano, consegue il diploma di Scenografia presso l'Accademia di Belle Arti di Brera nel 1981. Dopo una breve collaborazione come assistente di Pier'Alli, inizia la propria attività come scenografo e costumista. Collabora come scenografo con diversi registi come Roberto Andò, Daniele Abbado, Walter Pagliaro, Giampiero Solari e Moni Ovadia.
In occasione della mostra *Stanze e Segreti,* come coordinatore degli allestimenti scenografici, collabora alla realizzazione delle installazioni di Robert Wilson e Peter Greenaway.
Fra i suoi impegni più recenti: *Gli anni perduti* (Vitaliano Brancati), regia di Pagliaro; *Norma* (Bellini), regia di Andò; *Flauto Magico* (Mozart), regia di Andò.
Nel 2002 collabora alla prima rappresentazione assoluta di *Il processo* (Kafka), regia di Daniele Abbado. Nello stesso anno realizza un'installazione a Palermo in occasione della serata "La memoria dell'offesa".

Born in Milan, in 1981 he earned a diploma in Set Design at the Brera Academy of Fine Arts. After a brief period as an assistant to Pier'Alli, he soon embarked on a career in set and costume design. He has designed sets in collaboration with directors such as Roberto Andò, Daniele Abbado, Walter Pagliaro, Giampiero Solari and Moni Ovadia.
He was the set coordinator of the Stanze e Segreti *exhibit, and has worked on installations by Robert Wilson and Peter Greenaway.*
Among his more recent engagements: Gli anni perduti *by Vitaliano Brancati, director Pagliaro;* Norma *by Bellini, director Andò; and* The Magic Flute *by Mozart, once again with director Andò.*
March, 2002, was the world premiere of Il processo *by Franz Kafka, directed by Daniele Abbado. That same year, Carluccio presented an installation in Palermo at the "La memoria dell'offesa" exhibition.*

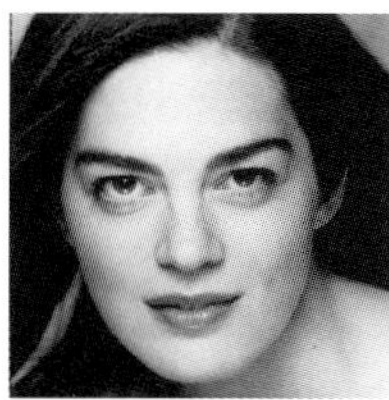

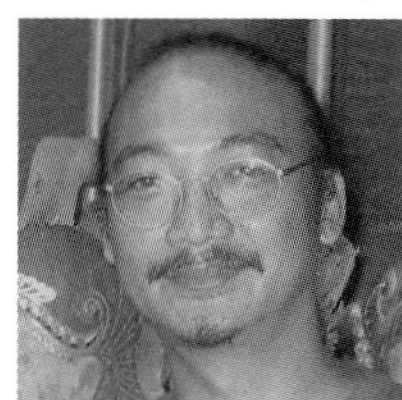

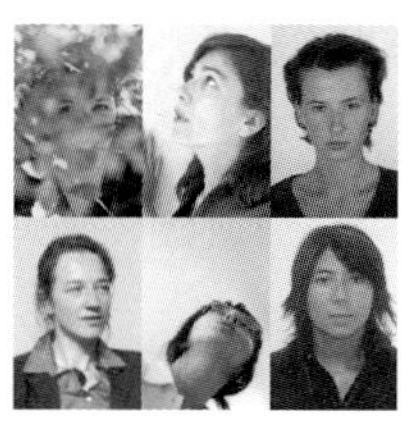

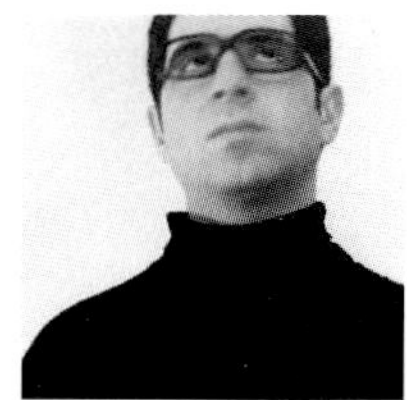

Rebecca Comerford

Nata nel Maine, si è diplomata recentemente alla Eastman School of Music con il tenore John Maloy e ha studiato con Edith Bers alla Julliard School. Mezzosoprano, ha interpretato molti ruoli di opere liriche fra cui Lucrezia in *Il ratto di Lucrezia*, Madame Pernell in *Tartufo*, Dorabella in *Così fan tutte* e Orfeo nell'*Orfeo* di Gluck. È la migliore interprete della musica di Kurt Weill e ha vinto la Lotte Lenya Competition sponsorizzata dalla fondazione Kurt Weill. Ha partecipato a *recital* e concerti di musica da camera per il Rossini Club di Boston, il Festival di Spoleto, il Tanglewood Festival, la Rochester Chamber Orchestra, la Boston Simphony e il National Chorale del Lincoln Center.
Si dedica a un vasto repertorio innovativo di opera contemporanea ed è co-fondatrice del ManifestOrchestra di New York e membro dell'Opera Nova.

Mezzosoprano Rebecca Comerford is a Maine native. She is a recent graduate of the Eastman School of Music, where she studied with Tenor John Maloy, and has also studied with Edith Bers at The Juilliard School. She has performed many operatic roles including Lucretia in The Rape of Lucretia, *Madame Pernell in* Tartuffe, *Dorabella in* Cosi Fan Tutte, *and Orfeo in Gluck's* Orfeo. *She is a leading interpreter of Kurt Weill's music and has been the winner of the Lotte Lenya Competition sponsored by the Kurt Weill Foundation. Rebecca has been seen in recital and chamber concerts with the Rossini Club of Boston, The Spoleto Festival in Italy, The Tanglewood Festival, The Rochester Chamber Orchestra, The Boston Symphony and the National Chorale at Lincoln Center. Committed to a diversified and innovative repertoire of contemporary opera, she is a co-founder of the ManifestOrchestra of New York and a member of Opera Nova.*

Heri Dono

Nato nel 1960, si laurea all'Indonesia Institute of Art di Yogyakarta. Si dedica poi allo studio del teatro delle ombre con le marionette (*wayang kulit*) sotto la guida di Sukasman, maestro di quell'arte. È considerato il miglior artista di installazioni e performance indonesiano. I suoi lavori multimediali sono una personalissima interpretazione di questioni sociali e politiche sorprendentemente segnate dalla tradizionale arte indonesiana delle marionette.
Definito "mago low-tech" e "burattinaio postmoderno", è noto per la sua abilità nel mescolare elementi del teatro internazionale contemporaneo con l'arte tradizionale di Java attraverso mezzi espressivi differenti, dalla pittura al teatro delle ombre con le marionette, a performance, video e installazioni. Ha partecipato alla decima Biennale di Sydney (1996) e a mostre come *Cities on the Move* (1997) e *Sonic Boom* alla Hayward Gallery di Londra (2000).
Nel 2000 la Japan Foundation di Tokyo gli ha dedicato una monografica.

Born in 1960, he graduated from the Indonesia Institute of Art in Yogyakarta. He then studied shadow puppet theatre under Sukasman, a pioneering puppet master. Today Heri is Indonesia's most established installation and performance artist. His multimedia works and performances are a personal reflection on a wide range of social and political issues and, unsurprisingly, the traditional Indonesian art of puppet theatre has remained a strong influence throughout his work. Sometimes described as a "low-tech wizard, postmodern puppeteer," Heri is known for his ability to synthesize elements from contemporary international and Javanese traditional art through media ranging from painting and shadow puppetry (wayang kulit) to performances, video and installation. Recent exhibitions include the Tenth Sydney Biennale (1996), Cities on the Move *(1997) and* Sonic Boom *at the Hayward Gallery, London (2000). Recent honors include a mid-career survey of his career by the Japan Foundation in Tokyo, held in 2000.*

e123 design

Giovane gruppo di progettazione attivo a livello internazionale, si forma nel 1996 dalla collaborazione artistica fra Anna Barbara, Paola Bellani, Laura Miotto, Savina Nicolini, alle quali successivamente si aggiungono Sara Manazza e Carolina Rapetti.
Il gruppo opera a Milano e Singapore. Progetta innovazione partendo da un'attenta conoscenza dei materiali, un'accurata analisi delle tendenze, un'esperta progettazione sensoriale. Tra i suoi progetti più importanti: *Tessuti misti colorati*, performance nella lavanderia a gettoni Biodegradabile78% (Milano, 1997), *Matrioska*, progetto geo-politico (Italia-ex Iugoslavia, 1998), *Burdarchitecture*, magazine per architetture su misura (Seoul, South Korea, 1999), *Tempting Shadows*, installazioni itineranti (City of Water, Bangkok, Thailandia, 1999), *Pc-house*, micro-architettura trasportabile (Tokyo, 2001), *Dumia*, cupola interreligiosa (BIG, Torino, 2002), *Elementary Garden,* installazione (Singapore, 2002).

*Founded in 1996, this group of young designers, whose works have been exhibited internationally, began as an artistic collaboration between Anna Barbara, Paolo Bellani, Laura Miotto, and Savina Nicolini. They were later joined by Sara Manazza and Carolina Rapetti.
The group operates out of Milan and Singapore. Their innovative projects spring from a thorough knowledge of materials, an accurate analysis of trends, and an expert design sense.
Among their most ambitious projects are:* Tessuti misti colorati *(mixed colored cloths), a 78% biodegradable performance in a laundromat (Milan, 1997);* Matrioska, *a geopolitical project (ex-Italian Yugoslavia, 1998);* Burdarchitecture, *a made-to-order magazine for architecture (Seoul, South Korea, 1999);* Tempting Shadows, *a wandering installation (City of Water, Bangkok, Thailand, 1999);* PC-house, *a transportable micro-architecture (Tokyo, Japan, 2001);* Dumia, *an inter-religious cupola (BIG, Torino, 2002); and* Elementary Garden, *an installation (Singapore, 2002).*

Vadim Fishkin

Nato a Penza (ex URSS) nel 1965, si laurea in architettura presso l'Istituto di Architettura di Mosca e dal 1992 vive e lavora a Lubiana. Artista multidisciplinare, ma anche scenografo, botanico, fotografo, pirotecnico, ingegnere, inventore, geologo.
Il suo lavoro artistico è centrato sul rapporto tra il fisico e il metafisico, nella tensione di rendere visibile l'invisibile e materializzare ciò che va al di là della materia. Le sue opere sono effimere, immateriali, come *Darkness Orbity* (1993), progetto basato su luce e suono che cerca di forzare i confini dello spazio, e *...incommensurabilis...* (2000).
Alcuni suoi lavori mostrano l'attività invisibile degli angeli, come *Prayer Machine* (1993) e *Vertical Projection* (1995), altri vogliono creare un collegamento fra punti o fenomeni molto lontani, come *Lighthouse* (1997) e *What is on the other side?*
Fra i suoi lavori ricordiamo inoltre: *One man show* (1995), *Dedicated* (1998), *Ognegraf; SnowShow* (2000), *Dictionary of Imaginary Places* (2002).

*Born in Penza in the former Soviet Union in 1965, he studied at the Moscow Institute of Architecture and has been living and working in Ljubljana since 1992.
He's a multidisciplinary artist but also a stage designer, a botanist, a photographer, a pyrotechnician, an engineer, an inventor and a geologist.
Fishkin's work links the physical to the metaphysical, trying to make visible that which is immaterial.
His operas are ephemeral, such as* Darkness Orbity *(1993), a project based on light and sound stressing the potentiality of space, and ...incommensurabilis... (2000).
Many of Fishkin's works, like* Prayer Machine *(1993) and* Vertical Projection *(1995), depict the invisible activities of angels. Other works try to create a connection between two points or between very diverse phenomena. These include* Lighthouse *(1997) and* What Is On the Other Side?
Among his other works:* One Man Show *(1995),* Dedicated *(1998),* Ognegraf *(2000),* SnowShow *(2000) and* Dictionary of Imaginary Places *(2002).*

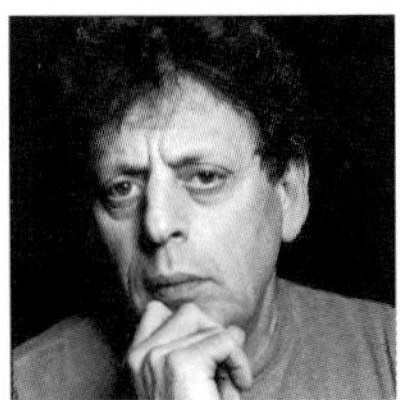

Philip Glass

Nato a Baltimora nel 1937, scopre la musica nella bottega dove il padre riparava apparecchi radiofonici.
Rifiuta il serialismo e si avvicina invece a compositori "dissidenti" come Harry Partch, Charles Ives, Moondog, Henry Cowell e Virgil Thompson, ma senza trovare una dimensione personale. A Parigi, trascrivendo le musiche di Ravi Shankar per un film, scopre la musica indiana. Dalla metà degli anni Settanta inizia ad applicare le tecniche orientali alla sua abbondante produzione, destinata in buona parte alla compagnia teatrale Mabou Mines e al suo complesso musicale, il Philip Glass Ensemble. Questo periodo culmina con *Music in Twelve Parts*, un compendio della sua nuova musica, e l'opera *Einstein on the Beach*, firmata con Robert Wilson nel 1976 e considerata uno dei capisaldi del teatro musicale del XX secolo.
La sua produzione spazia dall'opera alle sinfonie, dalle partiture per orchestra da camera alle musiche per balletti e spettacoli teatrali, alle colonne sonore di film.

Born in Baltimore in 1937, Philip Glass discovered music in his father's radio repair shop.
Rejecting serialism, Glass preferred such maverick composers as Harry Partch, Charles Ives, Moondog, Henry Cowell and Virgil Thomson, but still had not found his own voice. In Paris, hired to transcribe the music of Ravi Shankar, he discovered Indian music.
By the mid-seventies Glass began applying Eastern techniques to his art, in particular for both the Mabou Mines Theater Company and for his own performing group, the Philip Glass Ensemble. This period culminated in Music in 12 Parts *and the opera* Einstein on the Beach *(1976), written with Robert Wilson and now seen as a landmark in 20th century musical theater.*
His works include operas, symphonies, chamber works, dance and theatre pieces, and film scores.

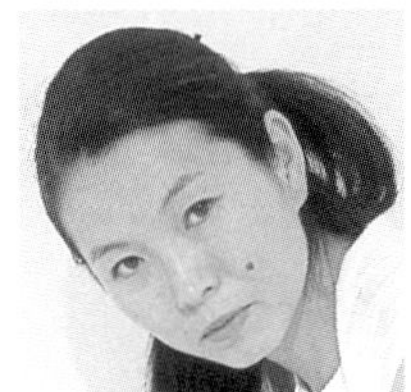

Ritsue Mishima

Nasce a Kyoto nel 1962. Inizia a lavorare nel 1982 come stylist nel campo della pubblicità e per alcune riviste di arredamento; dal 1985 si occupa di installazioni floreali. Si trasferisce a Venezia e dal 1995 inizia a dedicarsi alla creazione di oggetti in vetro. Realizza i suoi lavori presso una fornace di Murano collaborando con i maestri vetrai Livio Serena e Andrea Zilio. La levigazione viene eseguita da Giacomo Barbini.
Si ispira alle forme della natura e le esprime attraverso la casualità del vetro. I suoi vetri sono rigorosamente trasparenti per esaltare al meglio, attraverso le forme, la qualità della luce. Nei suoi vetri traduce in un linguaggio contemporaneo le sue origini lontane e la tradizione millenaria veneziana.
Ha esposto i suoi lavori alla Galleria Jean Blanchaert (Milano), alla Katie Jones Gallery (Londra), al Plaza Shop Shiseido (Tokyo). Nel 2001 ha vinto il premio Giorgio Armani alla mostra *Contemporary Decorative Arts* (Sotheby's, Londra).

Born in Kyoto, Japan, in 1962. She began working in 1982 as a stylist in advertising and for several home interior magazines. In 1985 she created installations with live flowers.
She moved to Venice, focusing since 1995 on the creation of glass objects at a Murano glassworks, and collaborating with master glaziers Livio Serena and Andrea Zilio, and master polisher Giacomo Barbini.
Inspired by the forms of nature, Mishima expresses them through the randomness of glass. Her glass works are rigorously transparent, all the better to highlight the quality of light. Glass translates Mishima's far-away origins and Venice's thousand-year-old glass-making tradition into a contemporary artistic language.
Her works have been exhibited in Milan at the Jean Blanchaert Gallery, at London's Katie Jones Gallery, and at the Plaza Shop Shiseido in Tokyo. In 2001 she was awarded the Giorgio Armani prize at the Contemporary Decorative Arts *exhibit at Sotheby's, London.*

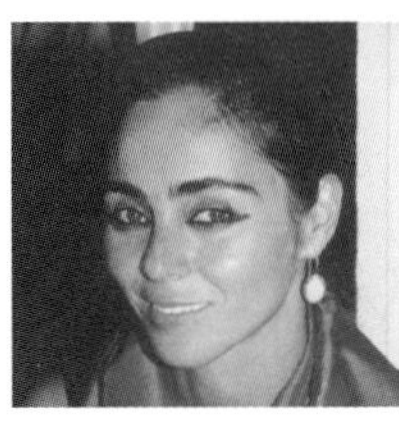

Shirin Neshat

Nata nel 1957 a Qazvin in Iran, si trasferisce nel 1974 negli Stati Uniti dove studia arte all'Università della California di Berkeley. Vive e lavora a New York.
Dal 1993 al 1997 realizza le serie fotografiche *Unveiling* e *Women of Allah* dove sui volti, sulle mani e sui piedi, le uniche parti svelate del corpo, vengono riportati i versi di poetesse iraniane contemporanee con una scrittura calligrafica persiana.
Volge poi la propria ricerca espressiva al cinema, utilizzando l'esperienza filmica di matrice sia orientale che occidentale in cerca di una nuova forma di linguaggio.
Realizza il video-proiezione *Anchorage* (1996), *The Shadow under the Web* (1997) e successivamente *Turbulent* (Leone d'oro alla Biennale di Venezia, 1999), *Rapture* e *Fervor*. Nel 2001 crea *Passage*, in collaborazione con Philip Glass, *Pulse* e *Possessed*, in cui affronta il tema della libertà individuale in contrasto con la repressione pubblica.
Ha ricevuto molti premi, tra cui il Visual Art Award del Festival di Edimburgo (2000).

Born in 1957 in Qazwin, Iran, she moved to the USA in 1974, where she studied art at the University of California at Berkeley. She lives and works in New York City.
From 1993 to 1997 she realized the photography series Unveiling *and* Women of Allah, *in which verse from contemporary Iranian female poets was written in Persian calligraphy on faces, hands and feet, the only displayed parts of the body.*
Afterwards, the artist approached a different expressive means – the film – using the Western and Eastern cinematic tradition to arrive at a new form of expression. She realized Anchorage *(1996, video projection),* The Shadow Under the Web *(1997),* Turbulent *(Golden Lion Award of the Venice Biennale in 1999),* Rapture *and* Fervor. *In 2001 she created* Passage *in collaboration with Philip Glass,* Pulse, *and* Possessed *in which she confronted the theme of individual freedom versus public repression.*
She has received many awards, including the Visual Art Award of the Edinburgh Festival (2000).

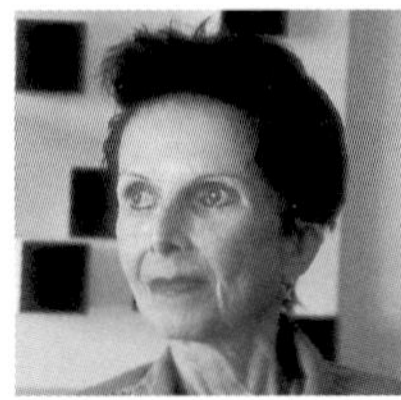

Lygia Pape

Nata a Nova Friburgo (Rio de Janeiro), studia filosofia all'Universidad Federal di Rio de Janeiro. Inizia la sua carriera di scultrice nel 1954, dedicandosi poi ad altre forme di espressione artistica come cinema e design oltre che a realizzare installazioni. È fra le fondatrici del movimento Neo-concreto ed è considerata una pioniera nel trattamento delle questioni sensoriali e nel coinvolgimento dello spettatore.
Tra i suoi lavori più importanti si annoverano: il *Balletto Neo-concreto*, realizzato nel 1958 con il poeta Reynaldo Jardim, dove i ballerini danzano all'interno di figure geometriche; *Wanted* (1968) in cui ridiscute il ruolo della galleria d'arte e della censura; *Eat-me: la gola o la lussuria* (1976), che analizza la valorizzazione del corpo femminile come questione consumistica.
Ha insegnato Arti plastiche al Museu de Arte Moderna (1969-71), Architettura all'Universidade Santa Úrsula e Storia dell'arte all'Escola de Belas Artes/UFRJ.

Born in Nova Friburgo (Rio de Janeiro), Lygia Pape studies philosophy at the Universidad Federal in Rio de Janeiro. She began her career as a sculptor in 1954, and then she began exploring other forms of artistic expression such as cinema and design, as well as creating installations.
One of the founders of the Neo-concrete movement, she is regarded as a pioneer in the treatment of sensory matters and spectator involvement.
Major works include: Neo-concrete Ballet, Wanted, Eat-me: Gluttony or Lust. *In* Neo-concrete Ballet, *realized in 1958 in collaboration with the poet Reynaldo Jardim, dancers perform inside geometric figures; in* Wanted *(1968) she debates the role of art galleries and censorship, speaking about death; in* Eat-me: Gluttony or Lust *(1976) she analyzes the female body in terms of mass consumption.*
She taught plastic arts at the Museum de Arte Moderna (1969-71), architecture at the Universidade Santa Úrsula and art history at the Escola de Belas Artes/UFRJ.

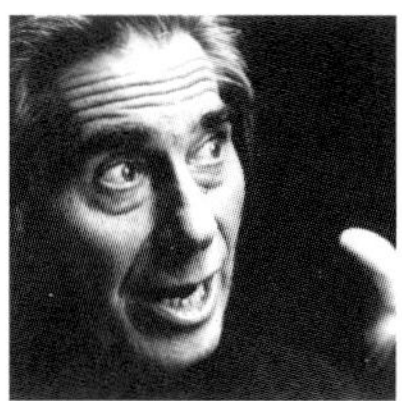

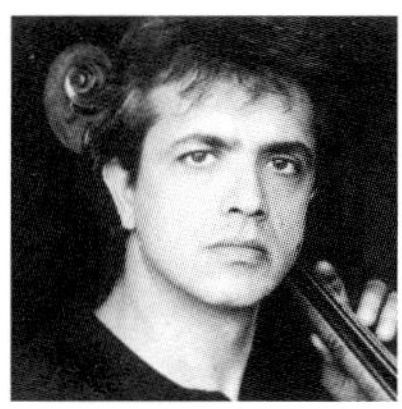

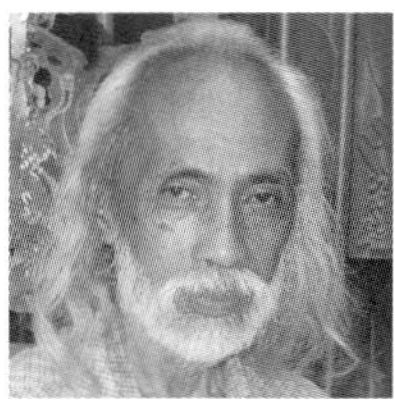

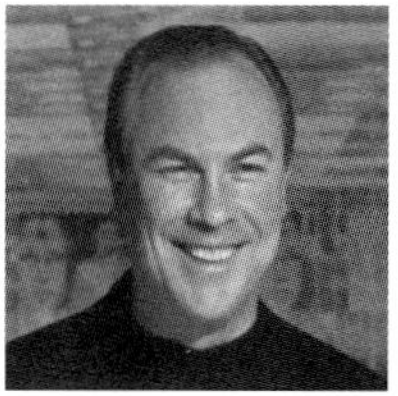

Fabrizio Plessi

Nato a Reggio Emilia nel 1940, si diploma all'Accademia di Belle Arti di Venezia.
Nel 1968 inizia a lavorare sui temi dell'acqua e del fuoco che saranno un *leit-motif* di installazioni, film e performance. L'esposizione delle sue opere al padiglione sperimentale della Biennale di Venezia nel 1970 e nel 1972 consacra la sua attività di artista. Nel 1982 la sua opera video viene presentata per la prima volta al Centre Pompidou di Parigi. Da questo momento, i suoi lavori toccano da vicino la natura ambientale delle possibilità del video, incorporando strutture tridimensionali. Nel 1985 la prima grande antologica, *Plessi – Video Going*, a Milano. Con *Bronx* rappresenta l'Italia alla 42ª Biennale di Venezia (1986) e con *Roma* (1987) entra nel gotha artistico internazionale.
Nel 1998 il Guggenheim Museum di New York gli dedica una retrospettiva. A Berlino, per l'edificio della Sony, crea una gigantesca cascata elettronica che si scompone in sedici milioni di colori (2000).

He was born in Reggio Emilia in 1940. After graduating from the Venice Academy of Fine Arts, in 1968 he began to use water and fire, a leitmotif of his installations, film and performance. Exhibitions of his works at the Biennial in Venice (1970 and 1972) consolidated his prolific activity as an artist.
In 1982 his video work was presented for the first time at the Centre Pompidou in Paris. From that moment on, his works began to move closer to the environmental possibilities of video, incorporating three-dimensional structures. His first career survey Plessi – Video Going *was presented in Milan (1985). He represented Italy at the XLII Biennial in Venice (1986) with* Bronx, *and with* Roma *he entered the international artistic élite.*
In 1998 the Guggenheim Museum of New York organized a one-man retrospective. For the new Sony building in Berlin, he created a gigantic electronic cascade that decomposes into sixteen million colors (2000).

Giovanni Sollima

Nasce a Palermo nel 1962 da una famiglia di musicisti. Studia violoncello e composizione al Conservatorio della sua città, perfezionandosi in seguito alla Musikhochschule di Stuttgart.
Considerato uno dei migliori violoncellisti italiani, collabora con musicisti quali Sinopoli, Inbal, Delman, Canino, Demus, Argerich. Fin da giovanissimo è attratto da ogni genere musicale nella ricerca di sonorità e mescolanze fra i generi più diversi.
Nel 1995 il suo primo album *Spasimo*, con il quale inizia un nuovo percorso di "composer-performer". Nel 1997, su invito di Philip Glass, incide *Aquilarco* e fonda a New York la Giovanni Sollima Band.
Nel 2000 debutta alla Carnegie Hall di New York con *Viaggio in Italia* e collabora con il regista Marco Tullio Giordana per il film *I cento passi*.
Realizza poi le musiche del balletto di Carolyn Carlson *J. Beuys Song* e *Tempeste e ritratti*, diretto da Riccardo Muti. Tra i progetti recenti, la sua prima opera lirica: *Ellis Island*.

He was born in Palermo in 1962 to a family of musicians. He studied cello and composition at his hometown conservatory, and went on to specialize at the Stuttgart Musikhochschule.
Considered to be one of Italy's most celebrated Italian cellists, he has performed with musicians such as Sinopoli, Inbal, Delman, Canino, Demus and Argerich.
Since he was young, Sollima has been attracted by every kind of music, and is always looking for new sonorities and original medleys between different genres.
With his first album Spasimo, *in 1995, he began his career as a composer-performer. In 1997, on invitation of Philip Glass, he recorded* Aquilarco *and launched his Giovanni Sollima Band.*
He debuted at Carnegie Hall in New York with Viaggio in Italia, *and he also collaborated with the film director Marco Tullio Giordana on the film* I Cento Passi *(2000).*
Since then he has composed the music for Carolyn Carlson's J. Beuys Song, *and Riccardo Muti had conducted his* Tempeste e ritratti. *Among his recent works is his first lyric opera,* Ellis Island.

Sukasman

Nato a Yogyakarta nel 1937, studia pittura e scultura nel migliore istituto d'arte del suo Paese, l'Indonesia Institute of Art di Yogyakarta. Dopo il diploma, nel 1962, prosegue gli studi in Olanda e a metà degli anni Settanta ritorna in Indonesia dove fonda la propria compagnia di marionette, Wayang Ukur. Negli ultimi trent'anni ha improntato la sua ricerca sul teatro delle ombre (*wayang*), incorporando musica dal vivo, danza e recitazione. Con la sua compagnia ha girato il mondo intero, tra cui città come New York e Vancouver, e recentemente ha partecipato al Festival Internazionale di Marionette di Magdeburgo.

Born in 1937 in Yogyakarta, Sukasman was originally trained as a painter and sculptor at Indonesia's premier art school, the Indonesia Institute of Art in Yogyakarta, where he graduated in 1962. Sukasman furthered his art education in the Netherlands throughout much of the 1960s, returning to Yogyakarta in the mid-1970s to start his puppet theatre company called Wayang Ukur. *Over the last 30 years, he has researched and developed a unique blend of* wayang *or shadow puppet theatre, radically incorporating live music, dance and performance. He and his company have performed around the world, including New York, Vancouver, and most recently at the Festival of World Puppetry in Magdeburg, Germany.*

Robert Wilson

Nato in Texas, dalla fine degli anni Sessanta si è rivelato una delle personalità più interessanti del teatro d'avanguardia newyorkese. Con *Einstein on the Beach* (1976), scritto con Philip Glass, cambia la concezione convenzionale dell'opera come forma artistica.
Ha ricevuto numerosi premi e onorificenze, tra cui il Leone d'Oro per la scultura alla Biennale di Venezia (1993).
Ha messo in scena, nei maggiori teatri, produzioni originali così come spettacoli del repertorio tradizionale: *the CIVIL warS* (1983-85), *Salomé* (1987), *Parsifal* (1991), *Il flauto magico* (1991), *Madama Butterfly* (1993), *Lohengrin* (1998) e il ciclo dell'*Anello del Nibelungo* di Wagner (2002). Sue opere sono state esposte in musei e gallerie d'arte di tutto il mondo. Tra i lavori più recenti, la collaborazione con Lou Reed per *POEtry* e con Tom Waits per il *Woyzeck*.
Ogni estate Wilson sviluppa nuovi progetti al Watermill Center di Long Island, un laboratorio teatrale dedicato alla creatività.

Born in Texas, by the late 1960s Wilson was acknowledged as one of the leading figures in Manhattan's avant-garde theater. His opera Einstein on the Beach *(1976), written with composer Philip Glass, altered conventional perceptions of opera as an art form.*
He has received numerous awards and honors including the Golden Lion for sculpture from the Venice Biennale (1993). Wilson has staged both original works and productions from the traditional repertoire. These include: the CIVIL warS *(1983-1985);* Salomé *(1987);* Parsifal *(1991);* The Magic Flute *(1991);* Madame Butterfly *(1993);* Lohengrin *(1998) and the entire* Ring Cycle *(2002).*
Wilson's art works have been shown in museums and galleries internationally. His most recent works include a collaboration on Lou Reed's POEtry Project, *and* Woyzeck *with Tom Waits. Each summer Wilson develops new work at the Watermill Center in Eastern Long Island – a theater laboratory dedicated to creative collaboration.*